Ralf Zimmermann

Minimalflächen mit planaren Enden kleinster Ordnung

Ralf Zimmermann

Minimalflächen mit planaren Enden kleinster Ordnung

Ein Existenzsatz für vollständige eingebettete Minimalflächen endlicher Totalkrümmung

Südwestdeutscher Verlag für Hochschulschriften

Impressum/Imprint (nur für Deutschland/only for Germany)
Bibliografische Information der Deutschen Nationalbibliothek: Die Deutsche Nationalbibliothek verzeichnet diese Publikation in der Deutschen Nationalbibliografie; detaillierte bibliografische Daten sind im Internet über http://dnb.d-nb.de abrufbar.

Coverbild: www.ingimage.com

Verlag: Südwestdeutscher Verlag für Hochschulschriften GmbH & Co. KG
Heinrich-Böcking-Str. 6-8, 66121 Saarbrücken, Deutschland
Telefon +49 681 37 20 271-1, Telefax +49 681 37 20 271-0
Email: info@svh-verlag.de

Zugl.: Kiel, CAU, Diss., 2008

Herstellung in Deutschland (siehe letzte Seite)
ISBN: 978-3-8381-3221-1

Imprint (only for USA, GB)
Bibliographic information published by the Deutsche Nationalbibliothek: The Deutsche Nationalbibliothek lists this publication in the Deutsche Nationalbibliografie; detailed bibliographic data are available in the Internet at http://dnb.d-nb.de.

Cover image: www.ingimage.com

Publisher: Südwestdeutscher Verlag für Hochschulschriften GmbH & Co. KG
Heinrich-Böcking-Str. 6-8, 66121 Saarbrücken, Germany
Phone +49 681 37 20 271-1, Fax +49 681 37 20 271-0
Email: info@svh-verlag.de

Printed in the U.S.A.
Printed in the U.K. by (see last page)
ISBN: 978-3-8381-3221-1

Danksagung

Mein Dank gilt zuerst Prof. Dr. Jens Heber für die Betreuung der vorliegenden Dissertation.

Weiter möchte ich mich bei Dr. Fritz Krüger und Dr. Dennis Sebastian und vor allem bei meinen Kollegen Dr. Jennifer Salau und Dr. Sebastian Grensing für ihre Unterstützung bei der Revision der Arbeit bedanken.

Schließlich danke ich meiner Frau Claudia Kraujuttis für die sprachlichen Korrekturen.

Zusammenfassung

In dem Übersichtsartikel [HK] fragen D. Hoffman und H. Karcher 1997 u. a. nach der Existenz vollständiger eingebetteter Minimalflächen endlicher Totalkrümmung mit planaren Enden kleinstmöglicher Ordnung 2.
Die bis dahin übliche Methode, eine Minimalfläche mit dem Darstellungssatz von Weierstraß zu konstruieren und dann Wohldefiniertheit unter weitreichenden Symmetrievoraussetzungen zu zeigen, schloss das Auftreten solcher planaren Enden aus, wie M. Callahan, D. Hoffman und W.H. Meeks in [CHM] beweisen.
In der vorliegenden Arbeit benutzen wir eine neue, von Symmetrieannahmen a priori unabhängige Konstruktionsmethode von M. Traizet [Tr], die mit Hilfe des Darstellungssatzes von Weierstraß und des Satzes über implizite Funktionen die Konstruktion von Minimalflächen auf das Lösen von algebraischen Gleichungen in komplexen Veränderlichen zurückführt, um die Eingangsfrage von Hoffman und Karcher zu beantworten.

Das erste Kapitel der Arbeit ist der thematischen Einordnung des Untersuchungsgegenstandes, sowie einer Kurzübersicht gewidmet.
Im zweiten Kapitel fassen wir die von uns benötigten grundlegenden Begriffe und Sätze zusammen und gehen speziell auf die Formulierung des Weierstraßschen Darstellungssatzes für globale Minimalflächen endlicher Totalkrümmung ein.
Im darauf folgenden Kapitel untersuchen wir die Geometrie planarer minimaler Enden. Unter gewissen Einschränkungen, wie Forderungen an die Gestalt der zur asymptotischen Höhe des Endes korrespondierenden Niveaumenge, ist die Existenz solcher minimaler Enden ausgeschlossen.
Im vierten Kapitel passen wir Traizets Verfahren an die notwendigen und hinreichenden Bedingungen zur Erzeugung von Minimalflächen mit planaren Enden an und stellen detailliert die Abhängigkeiten der auf diese Weise gewonnenen Flächen von den Konstruktionsparametern heraus. Dadurch können wir die von Traizet erkannten Voraussetzungen, unter denen das Verfahren eingebettete Beispiele, d.h. Flächen ohne Selbstschnitte, liefert, abschwächen. Mit Hilfe einer Nicht-Existenz-Aussage von J. Perez und A. Ros erhalten wir eine neue Aussage über die Form der für die Konstruktionsmethode von Traizet zulässigen Startkonfigurationen.
Das Hauptresultat beweisen wir dann im fünften Kapitel:

Es gibt vollständige, eingebettete Minimalflächen endlicher Totalkrümmung mit planaren Enden kleinster Ordnung 2.

Anschließend entwickeln wir mit Hilfe des Newtonverfahrens eine Methode, Existenz von Flächen durch numerische Behandlung der durch das Konstruktionsverfahren von Traizet vorgegebenen algebraischen Gleichungen zu zeigen. Als eine Anwendung erhalten wir vergleichsweise einfache Beispiele von Minimalflächen mit planaren Enden ohne nicht-triviale Symmetrien.

Abstract

In D. Hoffman's and H. Karcher's survey article [HK] from 1997 the authors pose several questions and conjectures about the space of complete embedded minimal surfaces of finite total curvature; one of them concerning the existence of examples with planar ends of smallest possible order equal to 2. Up to this point, minimal surfaces had been constructed by deriving suitable data for the Weierstraß representation theorem showing under extensive symmetry assumptions that these data were well defined. But this approach prevented the occurrence of planar ends of smallest possible order, as M. Callahan, D. Hoffman and W.H. Meeks showed in 1989 in [CHM].
To answer the question of Hoffman and Karcher we will use a new method by M. Traizet, which reduces the construction of minimal surfaces via the Weierstraß theorem and the implicit function theorem to solving algebraic equations in several complex variables, without any a priori symmetry assumptions.

The report is organized as follows. In the first section we introduce the subject and give a short survey of this thesis.
In section two we sum up the basic terms and tools needed in the treatment of minimal surfaces, with special emphasis on the version of the Weierstraß representation theorem for global minimal surfaces of finite total curvature.
The third section is devoted to the study of the geometric behaviour of planar minimal ends. Certain constraints, for example assumptions on the shape of the level set corresponding to the asymptotic height of the end, exclude the existence of such minimal ends.
In the fourth section, we adjust Traizet's method to the necessary and sufficient conditions for constructing minimal surfaces with planar ends. By exposing in detail the dependencies of the surfaces created in this way on the construction parameters, we are able to weaken the hypothesis under which the approach leads to embedded examples, i. e. surfaces without self-intersections. Beyond that we use a non-existence theorem of J. Perez and A. Ros to obtain a new result on the admissibility of configurations needed for Traizet's approach.
The main theorem is proved in section five:

> *There exist complete embedded minimal surfaces of finite total curvature with planar ends of smallest possible order.*

Subsequently, we develop a technique based on Newton's method, to show the existence of surfaces by solving numerically the algebraic equations given by Traizet's approach. As an application we obtain comparatively simple examples of complete embedded minimal surfaces of finite total curvature with planar ends and without any non-trivial symmetries.

Inhaltsverzeichnis

Kapitel 1

Einleitung

Hauptresultat dieser Arbeit ist eine Existenzaussage in der Klasse der vollständigen eingebetteten Minimalflächen endlicher Totalkrümmung. Wichtigstes Werkzeug bei der Untersuchung solcher Flächen ist der nunmehr klassische Darstellungssatz von Riemann-Enneper-Weierstraß, welcher in Verbindung mit einem Resultat von R. Osserman [Os] eine enge Beziehung zur Funktionentheorie auf kompakten Riemannschen Flächen herstellt. Noch bis Anfang der 1980er Jahre waren die einzigen bekannten Vertreter dieses Typs jedoch nur die Ebene und das Katenoid.
1980 zeigen L.P. Jorge und W.H. Meeks [JM] einige Grundeigenschaften von Flächen in dieser Klasse und erhalten insbesondere Ergebnisse über ihr Verhalten in den Enden. R. Schoen [Sc] beweist 1983, dass sich die Enden asymptotisch wie entweder das eines Katenoids oder das einer Ebene verhalten und erkennt das Katenoid als den einzigen Vertreter dieser Klasse mit genau zwei Enden.
1982 gelingt es C. Costa [C] ein erstes neues Beispiel zu konstruieren, eine vollständige Minimalfläche endlicher Totalkrümmung mit drei eingebetteten Enden und Geschlecht 1. D. Hoffman und W.H. Meeks [HM] können anschließend beweisen, dass Costas Fläche, wie von ihm vermutet, auch eingebettet ist.
Von diesem Beispiel inspiriert, werden weitere Flächen und sogar ganze Familien von Flächen des oben genannten Typs gefunden (siehe u. a. [HM2]).

D. Hoffman und H. Karcher sammeln 1997 in ihrem Übersichtsartikel [HK, §5.2] Fragen und Vermutungen über den Raum der vollständigen eingebetteten Minimalflächen endlicher Totalkrümmung, darunter insbesondere die folgenden:
Enthält dieser Raum Beispiele

(i) deren Katenoid-Enden verschiedene Achsen besitzen?

(ii) ohne nicht-triviale Symmetrien?

(iii) mit planaren Enden kleinstmöglicher Ordnung?

Bis dahin waren alle bekannten Beispiele mit dem Darstellungssatz von Weierstraß unter Symmetrievoraussetzungen konstruiert worden, wodurch sich das sog. *Periodenproblem* stark vereinfachte. Unter Existenz von Rotationssymme-trien müssen aber die Achsen der Katenoid-Enden offensichtlich zusammenfallen. M. Callahan, D. Hoffman und W.H. Meeks zeigen in [CHM], dass die Ordnung der Gauß-Abbildung in planaren Enden dann mindestens 3 ist.
2002 veröffentlicht M. Traizet [Tr] eine Konstruktionsmethode, die mit Hilfe des Darstellungssatzes von Weierstraß und dem Satz über implizite Funktionen die Konstruktion von Minimalflächen auf das Lösen algebraischer Gleichungen in komplexen Variablen zurückführt. Diese kommt ohne Voraussetzungen an die Existenz nicht-trivialer Symmetrien aus, und Traizet erhält als Anwendung positive Antworten auf die Fragen (i) und (ii).
Unter Verwendung seiner Methode finden wir hier die Antwort auf die dritte Frage:

> Es gibt vollständige, eingebettete Minimalflächen endlicher
> Totalkrümmung mit planaren Enden kleinster Ordnung.

Die Arbeit gliedert sich wie folgt:
In Kapitel 2 stellen wir einige wichtige Grundbegriffe aus der Theorie der Minimalflächen zusammen und gehen insbesondere auf den Weierstraßschen Darstellungssatz (Satz 2.2.1) in seiner Formulierung für globale Minimalflächen ein. Des Weiteren werden das Resultat von Osserman (Satz 2.2.2) für vollständige Minimalflächen endlicher Totalkrümmung und die wesentlichen Aussagen über das Verhalten solcher Flächen in den Enden (Sätze 2.3.1, 2.3.3) vorgestellt. Schließlich wird noch der Begriff des Flux einer Minimalfläche eingeführt und beleuchtet.

Kapitel 3 ist Aussagen über Nicht-Existenz von minimalen planaren Enden unter gewissen geometrischen Voraussetzungen, etwa Forderungen an den Verlauf der Endkurve, der Niveaulinie auf der asymptotischen Höhe eines planaren Endes kleinster Ordnung, gewidmet. Wir stellen die wichtigsten bekannten Sätze vor und nennen offene Fragen.

Die Konstruktionsmethode von Traizet ist Gegenstand des vierten Kapitels. Wir geben eine Zusammenfassung des Beweises des Satzes von Traizet (Satz 4.3.1) an, wobei der Fokus auf die Abhängigkeiten von den zur Konstruktion verwendeten Parametern gelegt wird, und zeigen hinreichende Bedingungen für die Existenz von planaren minimalen Enden der Ordnung 2 auf. Außerdem verallgemeinern wir durch Korollar 4.3.2 die Einbettungsaussage für auf diese Weise konstruierte Flächen und gewinnen eine neue Aussage (Korollar 4.5.3) über die Gestalt zulässiger Startkonfigurationen für das Konstruktionsverfahren von Traizet.

In Kapitel 5 beweisen wir die Existenz einer Startkonfiguration für den Satz von Traizet, die zu Minimalflächen mit planaren Enden kleinster Ordnung führt, und vervollständigen damit den Beweis des Hauptresultates (Satz 5.2.2) dieser Arbeit.
Anschließend untersuchen wir die Endkurven einiger dieser neuen Beispiele und erhalten numerisch Hinweise darauf, dass es Flächen in der hier untersuchten Klasse gibt, deren Endkurven sogar Gra-

phen über Geraden sind. Die Frage nach der Existenz solcher Minimalflächen wurde in [CS] gestellt. Wir beenden die Arbeit mit der Entwicklung einer auf dem Newtonverfahren basierenden Methode, Existenz von Flächen durch numerische Behandlung der algebraischen Gleichungen aus Traizets Ansatz zu beweisen (Korollar 5.4.2). Als eine Anwendung finden wir vergleichsweise einfache Beispiele von vollständigen Minimalflächen endlicher Totalkrümmung mit planarem Ende der Ordnung 2 ohne nicht-triviale Symmetrien.

Kapitel 2

Grundlegende Sätze und Definitionen

2.1 Einleitung

Wir beginnen mit der Definition des Begriffs *Minimalfläche*.
Unter einer *Fläche S* verstehen wir zunächst eine *zusammenhängende orientierbare zweidimensionale differenzierbare Untermannigfaltigkeit des* $\mathbb{R}^3$.
Auch (lokale) *Parametrisierungen* von Flächenstücken $X : U \to \mathbb{R}^3$ von einem Gebiet $U \subset \mathbb{C} = \mathbb{R}^2$ in den $\mathbb{R}^3$ bezeichnen wir als *Flächen*.
Eine Fläche S heißt *Minimalfläche*, falls ihre *mittlere Krümmung*

$$H := \frac{1}{2}\mathrm{Spur}(W_p) : S \to \mathbb{R}$$

überall verschwindet. Hierbei bezeichnet $W_p : T_pS \to T_pS$ die Weingartenabbildung von S.
Obige Definition ist motiviert durch den folgenden Satz, den man mit Hilfe der *1. Variationsformel des Flächeninhalts* beweist:

> *Eine reguläre Fläche S mit endlichem Flächeninhalt hat überall verschwindende mittlere Krümmung genau dann, wenn für jede normale Variation der Fläche mit kompaktem Träger der Flächeninhalt von S stationär ist.*

Ist S eine Fläche, deren Rand eine vorgegebene geschlossene Raumkurve ist, so ist die Bedingung $H \equiv 0$ notwendig dafür, dass S flächenminimierend unter allen Flächen mit gleichem Rand ist. Umgekehrt müssen Minimalflächen jedoch nicht flächenminimierend sein.

Sei nun S eine Fläche mit Riemannscher Metrik g und Gauß-Abbildung N. Es bezeichne Δ_g den *Laplace-Operator*, definiert durch

$$\Delta_g f := \mathrm{div}\ \mathrm{grad}\ f : S \to \mathbb{R}$$

für jede mindestens zweimal stetig differenzierbare Funktion $f: S \to \mathbb{R}$.
Gilt $\Delta_g f = 0$, so heißt f *harmonisch.*
Sei $X_i := X_i|_S$ Einschränkung der kartesischen Koordinatenfunktion
$X_i: (x_1, x_2, x_3) \mapsto x_i$ für $i \in \{1,2,3\}$ auf S. Dann gilt

$$\Delta_g X = \begin{pmatrix} \Delta_g X_1 \\ \Delta_g X_2 \\ \Delta_g X_3 \end{pmatrix} = -2HN.^{1} \tag{2.1.1}$$

Minimalflächen im $\mathbb{R}^3$ sind damit auch dadurch charakterisiert, dass die Komponenten ihrer Positionsvektoren $X: S \to \mathbb{R}^3$ harmonisch sind.

Für $p \in S$ sei $\mathcal{J}_p$ die Drehung um $\frac{\pi}{2}$ in positive Richtung im Tangentialraum T_pS, definiert durch $\mathcal{J}_p(v) = N \times v$ für alle $v \in T_pS$.
Das Endomorphismenfeld aller Drehungen $\mathcal{J} := (\mathcal{J}_p)_{p \in S}$ ist *Riemannsch parallel*, d.h. es gilt $\nabla \mathcal{J} = 0$, oder äquivalent: $\mathcal{J}$ bildet parallele Vektorfelder längs einer Kurve auf eben solche ab. Für $v \in T_pS$ schreiben wir auch kurz $\mathcal{J}(v) := \mathcal{J}_p(v)$.
Eine reell differenzierbare Abbildung $f: S \to \mathbb{C}$ heißt *holomorph*, falls

$$df(\mathcal{J}(V)) = \mathbf{i}\, df(V)$$

für alle Vektorfelder V auf S gilt. Schreibt man $f = \Re(f) + \mathbf{i}\Im(f) =: u + \mathbf{i}\, v$, so entspricht diese Identität genau den *Cauchy-Riemannschen Differentialgleichungen*:

$$du(\mathcal{J}(V)) = -dv(V), \quad dv(\mathcal{J}(V)) = du(V). \tag{2.1.2}$$

Auf den Tangentialebenen besitzen die Endomorphismen $\mathcal{J}_p$ die Eigenschaften, die in $\mathbb{C}$ der Multiplikation mit der komplexen Einheit $\mathbf{i}$ entsprechen.
$\mathcal{J}$ heißt *komplexe Struktur* auf S. Man verifiziert leicht

Bemerkung 2.1.1. Eine differenzierbare orientierungstreue lokal bijektive Abbildung $f: S \to \hat{\mathbb{C}}$ ist genau dann *konform*[2], wenn sie meromorph ist.

In dieser Arbeit werden wir stets *globale Minimalflächen im* $\mathbb{R}^3$ betrachten.
Um diesen Begriff zu klären, erinnern wir zunächst daran, dass eine *Riemannsche Fläche* ein Paar (Σ, C) ist, bestehend aus einer zweidimensionalen zusammenhängenden differenzierbaren Mannigfaltigkeit Σ und einem holomorphen Atlas C für Σ.

Ist $u: S \to \mathbb{R}$ harmonisch auf einer Fläche S und $p \in S$ ein Punkt mit $du_p \neq 0$, so ist gemäß (2.1.2) auf einfach zusammenhängenden Gebieten um p durch $du^* = -du \circ \mathcal{J}$ *die zu u konjugierte harmonische*

[1] [HK, Gleichung (2.5), S. 11]
[2] d.h. winkel- und orientierungstreu

Funktion u^* bis auf eine Konstante eindeutig bestimmt. Dann ist $u + \mathbf{i}\, u^*$ konforme lokale Koordinate um $p \in S$.
Ist S Minimalfläche und ihre Ortsvektorfunktion $X : S \to \mathbb{R}^3$ eine Immersion, so folgt hieraus mit (2.1.1)

Bemerkung 2.1.2. [HK, Betrachtungen auf S. 11, 12]
Jeder Minimalfläche S als orientierter Untermannigfaltigkeit des $\mathbb{R}^3$ kann in natürlicher Weise ein konformer Atlas $\mathcal{C}$ zugeordnet werden. Durch Versehen von S mit diesem Atlas erhält man eine Riemannsche Fläche $S = (S, \mathcal{C})$.

Definition 2.1.1. Es sei $\Sigma = (\Sigma, \mathcal{C})$ eine Riemannsche Fläche.
Eine Immersion $X : \Sigma \to \mathbb{R}^3$ heißt *globale Minimalfläche* oder kurz wieder *Minimalfläche*, falls für jede Karte $\psi \in \mathcal{C}$ die Koordinatenfunktionen

$$\chi_j := X_j \circ \psi^{-1}, \quad j \in \{1,2,3\}$$

harmonisch sind und mit $\Phi_j(\xi_1 + \mathbf{i}\xi_2) := \left(\frac{\partial \chi_j}{\partial \xi_1} - \mathbf{i}\frac{\partial \chi_j}{\partial \xi_2}\right)(\xi_1 + \mathbf{i}\xi_2)$ gilt:

$$\sum_{j=1}^{3} \left(\Phi_j(\xi_1 + \mathbf{i}\xi_2)\right)^2 = 0, \quad \sum_{j=1}^{3} \left|\Phi_j(\xi_1 + \mathbf{i}\xi_2)\right|^2 \neq 0. \tag{2.1.3}$$

Die letzten beiden Forderungen stellen sicher, dass die Immersion X konform und regulär ist.

Bemerkung 2.1.3. Nach Bemerkung 2.1.2 und dem Weierstraßschen Darstellungssatz (siehe Satz 2.2.1 unten) ist jede reguläre Minimalfläche S als globale Minimalfläche darstellbar und umgekehrt definiert jede globale Minimalfläche eine reguläre Minimalfläche $S \subset \mathbb{R}^3$. Verzichtet man auf die zweite Forderung von (2.1.3), so lässt sich zeigen, dass diese Ungleichung höchstens in isolierten Punkten verletzt sein kann. Solche Punkte heißen *Verzweigungspunkte*. Sind Verzweigungspunkte zugelassen, so ist die Theorie der globalen Minimalflächen der Theorie der regulären Minimalflächen übergeordnet.

Alle lokalen Eigenschaften einer Fläche, die von der Wahl einer Parametrisierung unabhängig sind, lassen sich nun durch Komposition mit Karten auf globale Flächen übertragen.
Die globalen und topologischen Eigenschaften einer globalen Minimalfläche sind durch die globalen und topologischen Eigenschaften der zugehörigen Riemannschen Fläche definiert: Eine Minimalfläche $X : \Sigma \to \mathbb{R}^3$ ist also *(einfach) zusammenhängend, orientierbar* usw., wenn Σ diese Eigenschaften hat.

Eine Einführung in die Theorie der globalen Minimalflächen, dort mit „generalized minimal surfaces" bezeichnet, findet man in [Os, §6]. Eine kurze Übersicht ist jeweils in [HK] und [K] gegeben.
Die Standardbegriffe aus der Theorie der Riemannschen Flächen betreffend verweisen wir auf etwa [L] oder die Literaturlisten der gerade genannten Arbeiten.

2.2 Die globale Weierstraß-Darstellung

Wir stellen jetzt das Haupthilfsmittel zur Untersuchung von Minimalflächen vor, den fundamentalen Darstellungssatz von Riemann-Enneper-Weierstraß.
Dieser Satz etabliert eine enge Verbindung zwischen der Theorie der Minimalflächen und komplexer Analysis und wird hier in seiner Formulierung für globale Minimalflächen nach Osserman angegeben (siehe [Os, § 6,§ 8], [HK, S. 14] oder auch [K, S. 11]):

Satz 2.2.1. *Sei $S \subset \mathbb{R}^3$ reguläre Minimalfläche, nicht in einer horizontalen Ebene enthalten, und Σ die zugehörige Riemannsche Fläche gemäß Bemerkung* 2.1.2.
Dann gibt es eine meromorphe Funktion $g : \Sigma \to \hat{\mathbb{C}}$ und eine holomorphe 1-Form dh auf Σ, so dass S bis auf Translation dargestellt werden kann durch die konforme Immersion

$$X : \Sigma \to X(\Sigma) = S \subset \mathbb{R}^3, \quad X = \Re \int \phi \tag{2.2.1}$$

mit

$$\phi = \begin{pmatrix} \phi_1 \\ \phi_2 \\ \phi_3 \end{pmatrix} = \begin{pmatrix} \frac{1}{2}(\frac{1}{g} - g)dh \\ \frac{i}{2}(\frac{1}{g} + g)dh \\ dh \end{pmatrix}. \tag{2.2.2}$$

Seien umgekehrt eine Riemannsche Fläche Σ, eine meromorphe Funktion $g : \Sigma \to \hat{\mathbb{C}}$ und eine holomorphe 1-Form dh auf Σ gegeben, die die folgenden Bedingungen erfüllen:

1. *(Nullstellen-Polstellen-Bedingung): Die Null- und Polstellen von g fallen unter Berücksichtigung ihrer Ordnung genau zusammen mit den Nullstellen von dh:*

   Genau dann, wenn g in $p \in \Sigma$ einen k-fachen Pol oder eine k-fache Nullstelle hat, hat dh eine k-fache Nullstelle in p.

2. *(Periodenbedingung): Es gilt für alle geschlossenen Kurven $\alpha \subset \Sigma$:*

$$Period_\alpha(\phi) := \Re \oint_\alpha \phi = 0.$$

Dann wird durch (2.2.1) *und* (2.2.2) *eine globale Minimalfläche definiert.*

Bemerkung 2.2.1. 1. Wir nennen $\{g, dh\}$ die *Weierstraß-Daten* von X. Diese sind für eine gegebene Minimalfläche eindeutig bestimmt.

2. Sei $\sigma : S^2 \to \hat{\mathbb{C}}$ die stereographische Projektion vom Nordpol aus und $N : \Sigma \to S^2$ die Gauß-Abbildung von X.

Dann gilt $g = \sigma \circ N$ bzw.

$$N = \sigma^{-1} \circ g = \frac{1}{1+|g|^2} \begin{pmatrix} 2\Re(g) \\ 2\Im(g) \\ |g|^2 - 1 \end{pmatrix}. \tag{2.2.3}$$

Daher bezeichnen wir auch g als Gauß-Abbildung von X.
Sei z eine konforme Koordinate von Σ. Dann gilt

$$\phi_3 = dh = \frac{\partial X_3}{\partial z} dz. \tag{2.2.4}$$

Eine globale Minimalfläche ist also nach Satz 2.2.1 gegeben durch ihre Gauß-Abbildung und das komplexe Differential ihrer Höhenfunktion.
Man beachte, dass die 1-Form dh trotz ihrer suggestiven Bezeichnung im Allgemeinen nicht exakt ist, also nicht notwendig eine global definierte Funktion $H : \Sigma \to \mathbb{C}$ mit $dH = \phi_3 = dh$ existiert.

3. Mit dem unbestimmten Integral wird in (2.2.1) eine Stammfunktion bezeichnet.

4. Die Periodenbedingung ist äquivalent zu

$$P(\alpha) := \overline{\oint_\alpha \frac{1}{g} dh} - \oint_\alpha g dh = 0, \quad \Re \oint_\alpha dh = 0$$

für alle geschlossenen Kurven $\alpha \subset \Sigma$.

Ein wesentlicher Beweisschritt zu Satz 2.2.1 besteht darin, zu zeigen, dass jede konforme minimale Immersion X sich als Realteil einer konform parametrisierten holomorphen Nullkurve Ψ in $\mathbb{C}^3$ darstellen lässt.[3]
Genauer gilt mit $dX^* := -dX \circ \mathcal{J}$:

$$X = Re\, \Psi = Re \int d\Psi = Re \int (dX + \mathbf{i}\, dX^*).$$

Der Integrand lässt sich schreiben als

$$d\Psi = dX + \mathbf{i}\, dX^* = \phi,$$

mit ϕ wie in (2.2.2).

[3] D.h. es gilt $(\Psi_1')^2 + (\Psi_2')^2 + (\Psi_3')^2 = 0$, wobei $\Psi' = \frac{\partial}{\partial z}\Psi$ die Ableitung bzgl. einer konformen lokalen Koordinate z bezeichnet. Im Gegensatz zu $d\Psi$ ist Ψ selbst im Allgemeinen nur auf einer geeigneten Überlagerung $\tilde{\Sigma}$ von Σ wohldefiniert.

Definition 2.2.1. Sei $X : \Sigma \to \mathbb{R}^3$ eine konforme minimale Immersion mit Weierstraß-Daten $\{g, dh\}$ und $\mathcal{J}$ die komplexe Struktur von Σ.
Die bis auf Translation eindeutig bestimmte *zu X konjugierte Minimalfläche* X^* ist definiert durch

$$X^* := \int dX^* = \int -dX \circ \mathcal{J}.$$

Bemerkung 2.2.2.

1. Es gilt in obiger Situation

$$X^* = \int dX^* = \Im \int \phi = \Re \int -\mathbf{i}\phi =: \Re \int \phi^*.$$

   Damit hat X^* die Weierstraß-Daten $\{g, -\mathbf{i}dh\}$.
   Die Periodenbedingung ist somit nicht notwendig erfüllt und X^* ist im Allgemeinen nur lokal wohldefiniert.

2. Die Flächen $\{X_\theta, 0 \leq \theta \leq \frac{\pi}{2}\}$, wobei X_θ gegeben ist durch die Weierstraß-Daten $\{g, e^{\mathbf{i}\theta} dh\}$, heißen die *zu X assoziierten Flächen*.
   Die Konjugierte X^* ist der Spezialfall $X^* = X_{-\frac{\pi}{2}}$.
   Alle assoziierten Flächen X_θ sind genau dann wohldefiniert, wenn die Konjugierte X^* es ist.

3. Durch elementares Nachrechnen zeigt man:
   Die Weierstraß-Daten $\{e^{\mathbf{i}\theta} g, dh\}$ liefern die gleiche Fläche wie die Daten $\{g, dh\}$, rotiert um den Winkel θ um die vertikale Koordinatenachse.

Für eine Minimalfläche X lassen sich der konforme Faktor ds der 1. Fundamentalform und die Gaußkrümmung κ mit Hilfe der Weierstraß-Daten $\{g, dh\}$ berechnen: Es gilt

$$ds = \frac{1}{2}\left(|g| + \frac{1}{|g|}\right)|dh|, \tag{2.2.5}$$

$$\kappa = \frac{-16}{(|g| + \frac{1}{|g|})^4} \frac{|dg|^2}{|g|^2|dh|^2} \leq 0. \tag{2.2.6}$$

Beweis: siehe z.B. [K, S. 12/13].

Wir führen einige weitere Begriffe ein:
Sei Σ eine Riemannsche Fläche und $\gamma : [a, b) \to \Sigma$ eine differenzierbare Kurve.
Dann heißt γ *divergent*, falls es für jedes Kompaktum $K \subset \Sigma$ ein $t_0 \in [a, b)$ gibt, so dass $\gamma(t) \notin K$ für alle $t_0 < t < b$.
Eine Fläche $X : \Sigma \to \mathbb{R}^3$ heißt *vollständig*, falls

$$\int_\gamma ds = \infty$$

für jede divergente Kurve $\gamma \subset \Sigma$ gilt.

Bemerkung 2.2.3. Nach dem Satz von Hopf-Rinow ist genau in diesem Fall die Riemannsche Mannigfaltigkeit Σ als metrischer Raum (Σ, d) mit der *Riemannschen Abstandsfunktion* $d : \Sigma \times \Sigma \to \mathbb{R}$ vollständig. ([DHKW, Proposition 1, S. 178-179]).

Die *Totalkrümmung* einer Fläche $X : \Sigma \to \mathbb{R}^3$ ist definiert als

$$\int_\Sigma \kappa \, dA.$$

Wir bezeichnen diese Größe sowohl als die Totalkrümmung von X, als auch als die Totalkrümmung von Σ oder $S = X(\Sigma)$.
Liegt eine vollständige Minimalfläche mit endlicher Totalkrümmung vor, d.h. $\int_\Sigma \kappa \, dA > -\infty$, so hat man folgende zusätzliche Informationen zur Weierstraß-Darstellung:

Satz 2.2.2 ([Os]). *Sei Σ Riemannsche Fläche und $X : \Sigma \to \mathbb{R}^3$ vollständige konforme minimale Immersion mit endlicher Totalkrümmung und Weierstraß-Daten $\{g, dh\}$. Dann gilt:*

(i) Σ ist konform äquivalent zu $\bar{\Sigma}_k \setminus \{p_1, ..., p_r\}$, wobei $\bar{\Sigma}_k$ eine kompakte Riemannsche Fläche vom Geschlecht $k \in \mathbb{N}$ und $p_1, ..., p_r \in \bar{\Sigma}_k$, $r \in \mathbb{N}$, endlich viele paarweise verschiedene Punkte sind.

(ii) Die gemäß (2.2.1), (2.2.2) *definierte Abbildung X ist eigentlich.*

(iii) Die meromorphe Gauß-Abbildung $g : \Sigma \to \hat{\mathbb{C}}$ lässt sich zu einer meromorphen Funktion auf $\bar{\Sigma}_k$ fortsetzen; die holomorphe 1-Form dh ist zu einer meromorphen 1-Form auf $\bar{\Sigma}_k$ fortsetzbar.

(iv) Es gilt für die Totalkrümmung

$$\int_\Sigma \kappa \, dA = -4\pi \mathrm{Grad}(g) \in -4\pi\mathbb{N}_0 \tag{2.2.7}$$

und

$$\int_\Sigma \kappa \, dA \leq -4\pi(k + r - 1). \tag{2.2.8}$$

Hierbei bezeichnet Grad(g) *den Abbildungsgrad der meromorphen Funktion g auf der kompakten Riemannschen Fläche $\bar{\Sigma}_k$.*

Beweis. (i) [Os, Theorem 9.1, S. 81]
(ii) [JM, Theorem 1, S. 204]
(iii) [Os, Lemma 9.5, S. 82, Lemma 9.6, Beweis von Theorem 9.3 S. 83 ff]
(iv) [Os, Theorem 9.2, S. 82, Theorem 9.3 S. 85] □

Definition 2.2.2. Die Punkte $p_1, ..., p_r$ aus Satz 2.2.2 (i) heißen *Punktierungen von $\bar{\Sigma}_k$*. Wegen (i) definieren wir das *Geschlecht einer globalen Minimalfläche X mit endlicher Totalkrümmung* als das Geschlecht k der zugehörigen kompakten Riemannschen Fläche $\bar{\Sigma}_k$.

2.3 Enden vollständiger Minimalflächen

Wir erinnern zunächst an den Begriff der Enden einer nicht-kompakten zusammenhängenden topologischen Mannigfaltigkeit.

Anschaulich sind die Enden die verschiedenen Weisen, sich auf der Mannigfaltigkeit „ins Unendliche zu bewegen".

Man beachte, dass eine zusammenhängende topologische Mannigfaltigkeit stets auch wegzusammenhängend ist.

Definition 2.3.1. Sei M eine nicht-kompakte zusammenhängende topologische Mannigfaltigkeit. Seien weiter $\alpha_1, \alpha_2 : [0,\infty) \to M$ (stetige) *eigentliche* Wege. Wir nennen α_1 und α_2 *äquivalent*, in Zeichen $\alpha_1 \approx \alpha_2$, falls es eine Ausschöpfung von M durch kompakte Mengen $(K_j)_{j\in\mathbb{N}}$ gibt, so dass für alle $j \in \mathbb{N}$ gilt:

Ist $I_{j,1} \subset [0,\infty)$ die unbeschränkte Komponente von $\alpha_1^{-1}\left(M\setminus \mathring{K}_j\right)$ und $I_{j,2} \subset [0,\infty)$ die unbeschränkte Komponente von $\alpha_2^{-1}\left(M\setminus \mathring{K}_j\right)$, so liegen $\alpha_1(I_{j,1})$ und $\alpha_2(I_{j,2})$ ganz in derselben Zusammenhangskomponente von $M\setminus \mathring{K}_j$.

Die Relation $\approx$ ist dann eine Äquivalenzrelation und wir bezeichnen eine Äquivalenzklasse $[\alpha]$ als ein *Ende von M*.

Bemerkung 2.3.1. (i) Jede topologische Mannigfaltigkeit M lässt eine *Ausschöpfung durch kompakte Mengen* zu, d.h. es existiert eine Folge von Kompakta $(K_j)_{j\in\mathbb{N}}$, $K_j \subset M$ mit $K_j \subset K_{j+1}$ und $\bigcup_{j\in\mathbb{N}} K_j = M$.

Dies folgt aus der Existenz einer *abzählbaren Basis* der Topologie von M.

(ii) Eine r-fach punktierte kompakte Fläche Σ besitzt r topologische Enden. Die einzigen divergenten Wege auf Σ sind solche, die in eine Punktierung hineinlaufen. Damit motiviert Satz 2.2.2 die folgende

Definition 2.3.2. Sei Σ Riemannsche Fläche und $X : \Sigma \to \mathbb{R}^3$ vollständige konforme minimale Immersion mit endlicher Totalkrümmung.

Seien $r, k, \bar{\Sigma}_k$ und $\{p_1, ..., p_r\} \subset \bar{\Sigma}_k$ wie in Satz 2.2.2.

Für $j \in \{1, ..., r\}$ sei $D_j \subset \bar{\Sigma}_k$ eine Umgebung von p_j, die keine weitere Punktierung enthält und $D_j^* := D_j \setminus \{p_j\}$.

Dann heißt $E_j := X(D_j^*)$ eine *Endendarstellung des zu p_j korrespondierenden Endes von X*.

Die Punkte p_j, $j = 1, ..., r$ nennen wir *Endenpunktierungen* und bezeichnen das jeweils zugehörige Ende auch als *das Ende in p_j von X*.

Das Ende in p_j heißt *eingebettet*, falls es eine punktierte Umgebung D_j^* von p_j gibt, so dass $X|_{D_j^*}$ eine Einbettung ist.

Als *Homologieklasse des Endes in p_j* bezeichnen wir die Äquivalenzklasse der geschlossenen positiv orientierten Kurven in Σ, die die Punktierung p_j umlaufen.

Satz 2.3.1. ([Sc, Proposition 1])
Seien $X, \Sigma, \bar{\Sigma}_k$ wie in Satz 2.2.2 und $p \in \bar{\Sigma}_k$ eine Endenpunktierung. Es gebe eine in p punktierte Umgebung $D^* \subset \Sigma$ von p, so dass die Endendarstellung $X|_{D^*}$ eine Einbettung ist. Nach einer Rotation, falls nötig, können wir annehmen, dass die gemäß Satz 2.2.2 (iii) fortgesetzte Gauß-Abbildung in p vertikal ist, d.h. $N(p) \in \{(0,0,\pm 1)\}$ gilt.
Dann kann D^* so gewählt werden, dass $X(D^*)$ Bild eines Graphen

$$(x_1,x_2) \mapsto \begin{pmatrix} x_1 \\ x_2 \\ f(x_1,x_2) \end{pmatrix}$$

über dem Äußeren eines großen Kompaktums in der horizontalen (x_1,x_2)-Ebene ist, mit dem asymptotischen Verhalten

$$f(x_1,x_2) = R\log(\|x\|) + \frac{1}{\|x\|^2}(c_1x_1 + c_2x_2) + \eta + O\left(\frac{1}{\|x\|^2}\right) \tag{2.3.1}$$

für $\|x\| = \sqrt{x_1^2 + x_2^2} \to \infty$ und Konstanten $R, c_1, c_2, \eta \in \mathbb{R}$.
Weiter gilt für die in p fortgesetzten Weierstraß-Daten von X:

(i) Die ersten beiden Komponenten ϕ_1, ϕ_2 von ϕ aus (2.2.2) haben Polstellen der Ordnung 2 in p und je Residuum 0 in p.

(ii) $\phi_3 = dh$ hat in p einen einfachen Pol oder ist dort holomorph.
Letzteres ist genau dann der Fall, wenn in obiger Formel $R = 0$ ist.
Genauer gilt

$$R = -\text{res}_p(dh).$$

Zur Motivation der nachstehenden Definition bemerken wir, dass für das Ende einer horizontalen Ebene als Graph mit obiger Notation $f \equiv \eta$ für ein $\eta \in \mathbb{R}$ gilt. Das Standard-Katenoid, gegeben durch die Weierstraß-Daten $\{z, \frac{1}{z}dz\}$ auf $\mathbb{C}^* = \hat{\mathbb{C}} \setminus \{0, \infty\}$, besitzt zwei Enden, korrespondierend zu den Punktierungen $0, \infty$, und es gilt außerhalb eines großen Kompaktums

$$f(x_1,x_2) = R\log(\|(x_1,x_2)\|) + \eta + O\left(\frac{1}{\|x_1,x_2\|}\right),$$

mit $R = -1$ für das Ende in 0 und $R = 1$ für das Ende in ∞.
Diese Tatsachen können elementar nachgerechnet werden.
Die eingebetteten Enden einer vollständigen Minimalfläche endlicher Totalkrümmung verhalten sich also asymptotisch wie entweder die Enden eines skalierten Standardkatenoids oder das Ende einer Ebene.

Definition 2.3.3. Die Konstante R aus Satz 2.3.1 heißt die *logarithmische Wachstumsrate des zugehörigen Endes*.
Ein eingebettetes Ende einer vollständigen Minimalfläche endlicher Totalkrümmung heißt

(i) *vom planaren Typ*, oder *planar*, falls $R = 0$,

(ii) *vom Katenoid-Typ*, falls $R \neq 0$.

Bemerkung 2.3.2.

1. Ist X eine minimale Einbettung mit endlicher Totalkrümmung und r Enden und sind $R_1, \ldots, R_r$ die logarithmischen Wachstumsraten der Enden von X, dann folgt aus dem Residuensatz
$$\sum_{j=1}^{r} R_j = 0.$$

2. Nach dem *Maximumprinzip in* ∞ [MR, Theorem 1, S.257] besitzen eigentlich eingebettete Minimalflächen für $\eta \in \mathbb{R}$ höchstens ein planares Ende, welches zu $\{x_3 \equiv \eta\} \subset \mathbb{R}^3$ asymptotisch ist, d.h. die Höhe eines planaren Endes einer eingebetteten Minimalfläche ist eindeutig bestimmt.

Aus Satz 2.3.1 (i), (ii) folgt leicht

Lemma 2.3.2. *(Erweiterte Nullstellen-Polstellen-Bedingung)*

1. *Ist das zu p gehörige Ende vom Katenoid-Typ, so hat g in p eine einfache Null- oder Polstelle, und dh hat in p einen einfachen Pol.*

2. *Ist das zu p gehörige Ende planar, so hat g in p eine Null- oder Polstelle der Ordnung $m \in \mathbb{N}_{\geq 2}$ und dh ist holomorph und hat eine Nullstelle der Ordnung $m-2$ in p. Der Fall $m = 2$ ist als $dh(p) \neq 0$ zu interpretieren.*

Definition 2.3.4. Die Ordnung der Null- oder Polstelle der Gauß-Abbildung g in einer Punktierung heißt *Ordnung des Endes in p*.

Bemerkung 2.3.3. Planare Enden sind nach obigem Lemma mindestens von Ordnung 2.

Der folgende Satz klärt, wann in der Abschätzung (2.2.8) Gleichheit gilt, und stellt im Fall eingebetteter Enden eine Formel vom Gauß-Bonnet-Typ für die Totalkrümmung einer vollständigen Minimalfläche bereit.

Satz 2.3.3 ([JM]). *Seien $X : \Sigma \to \mathbb{R}^3$, $\bar{\Sigma}_k$, $p_1, \ldots, p_r \in \bar{\Sigma}_k$, $k, r \in \mathbb{N}$ wie in Satz 2.2.2. Dann gilt:*

*(i) (*Geometrische Formel für die Totalkrümmung*)*
Alle Enden von X sind eingebettet[4] *genau dann, wenn in der Ungleichung* (2.2.8) *Gleichheit gilt, also*
$$\int_\Sigma \kappa dA = -4\pi(k+r-1). \tag{2.3.2}$$

[4]D.h. es gibt Endendarstellungen $E_j = X(D_j^*), j = 1, \ldots, r$ mit $D_1^*, \ldots, D_r^*$ paarweise disjunkt, so dass $X|_{D_1^*}, \ldots, X|_{D_r^*}$ Einbettungen sind.

(ii) *Falls alle Enden von X eingebettet sind und keine zwei Enden sich schneiden, so sind die Normalen in den zu den Enden gehörigen Punktierungen parallel, und nach einer Rotation gilt:*

$$N(p_j) \in \begin{pmatrix} 0 \\ 0 \\ \pm 1 \end{pmatrix}, \; j = 1, \ldots, r.$$

Beweis. (i) [JM, Theorem 4, S. 211], alternativer Beweis [HK, Proposition 2.2]. (ii) [JM, Korollar zu Theorem 3, S. 209]. □

Die Aussage von (ii) ist klar nach Satz 2.3.1, da sich die Enden asymptotisch wie entweder ein Katenoid oder eine Ebene verhalten, und sich daher Enden mit nicht-parallelen Normalenvektorlimiten durchdringen müssen.
Durch (ii) ist eine Achse ausgezeichnet, die wir meist als die vertikale Koordinatenachse annehmen.
Mit der stereographischen Projektion $\sigma : S^2 \to \hat{\mathbb{C}}$ gilt $g = \sigma \circ N$. Daher folgt in der Situation von 2.3.3 (ii) (ggf. nach einer Rotation) für die Gauß-Abbildung in den Punktierungen

$$g(p_i) \in \{0, \infty\}.$$

Definition 2.3.5. Punkte $p \in \bar{\Sigma}_k$ mit $g(p) \in \{0, \infty\}$ heißen *vertikale Punkte*.
Ist eine Endenpunktierung p ein vertikaler Punkt, so nennen wir das zugehörige Ende *horizontal*.

2.4 Der Flux einer Minimalfläche

Definition 2.4.1. Sei $X : \Sigma \to \mathbb{R}^3$ eine konforme minimale Immersion und $\gamma \subset \Sigma$ eine geschlossene Kurve. Es sei weiter $\mathcal{J}$ die komplexe Struktur von Σ.
Der *Flux von X längs* γ ist definiert durch

$$Flux_X(\gamma) = \oint_\gamma -dX \circ \mathcal{J} \in \mathbb{R}^3.$$

Wir sagen, eine Fläche hat *vertikalen Flux*, falls $Flux_X(\gamma)$ für alle geschlossenen Kurven $\gamma \subset \Sigma$ ein vertikaler Vektor ist.

Bemerkung 2.4.1. (i) Da $-dX \circ \mathcal{J}$ eine geschlossene reelle 1-Form ist, gilt für zwei homologe geschlossene Kurven $\gamma_1, \gamma_2 : I \to \Sigma$:

$$\int_{\gamma_1} -dX \circ \mathcal{J} = \int_{\gamma_2} -dX \circ \mathcal{J}.$$

Damit ist der $Flux$ unabhängig vom gewählten Repräsentanten einer Homologieklasse, d.h. es gilt $Flux_X(\gamma) = Flux_X([\gamma])$, wobei $[\gamma]$ die Homologieklasse der Kurve γ bezeichnet.

(ii) Es sei $\gamma : [a,b] \to \Sigma$ eine geschlossene Kurve, so dass $X \circ \gamma$ nach Bogenlänge parametrisiert ist. Dann gilt

$$Flux_X(\gamma) = \int_\gamma -dX \circ \mathcal{J} = \int_a^b -dX_{\gamma(t)}(\mathcal{J}(\gamma'(t)))dt.$$

Da X konform ist, gilt

$$dX_{\gamma(t)}(\mathcal{J}(\gamma'(t))) = Rot_{\frac{\pi}{2}}(dX_{\gamma(t)}(\gamma'(t))) = Rot_{\frac{\pi}{2}}((X \circ \gamma)'(t)),$$

wobei $Rot_{\frac{\pi}{2}}$ die positiv orientierte Drehung um $\frac{\pi}{2}$ im jeweiligen Tangentialraum $T_{(X\circ\gamma(t))}X$ ist. Es sei $\tilde{n}(t) := Rot_{\frac{\pi}{2}}((X \circ \gamma)'(t))$. Mit dieser Bezeichnung gilt

$$Flux_X(\gamma) = \int_a^b -\tilde{n}(t)dt.$$

Das Vektorfeld $\tilde{n}$ ist senkrecht zum Geschwindigkeitsvektorfeld $(X \circ \gamma)'$ und tangential an die Fläche.

(iii) Der Fluxvektor hat eine physikalische Interpretation als Kraftvektor, siehe hierzu etwa [PR, §2, S. 22ff]. Die Wahl des Vorzeichens des $Flux$ ist willkürlich.

Lemma 2.4.1. ([HK, Prop. 2.3]).
Sei $X : \Sigma \to \mathbb{R}^3$ eine vollständige konforme Minimalfläche, gegeben durch ihre Weierstraß-Darstellung $X = Re \int \phi$ gemäß (2.2.1), (2.2.2).
Sei weiter $\gamma : I \to \Sigma$ eine geschlossene Kurve und X^* die zu X konjugierte, möglicherweise nur auf einer geeigneten Überlagerung $\tilde{\Sigma}$ von Σ wohldefinierte Fläche $X^* : \tilde{\Sigma} \to \mathbb{R}^3$. Dann gilt:

(i)

$$Flux_X(\gamma) = Period_\gamma X^* = \Im \int_\gamma \phi. \tag{2.4.1}$$

(ii) Falls X endliche Totalkrümmung hat und γ in der Homologieklasse einer Punktierung p im Sinne von Satz 2.2.2 und Definition 2.3.2 liegt, so gilt

$$Flux_X(\gamma) = 2\pi \begin{pmatrix} \mathrm{res}_p(\phi_1) \\ \mathrm{res}_p(\phi_2) \\ \mathrm{res}_p(\phi_3) \end{pmatrix}. \tag{2.4.2}$$

(iii) Falls γ in der Homologieklasse einer Punktierung p liegt, die zu einem horizontalen eingebet-

teten Ende endlicher Totalkrümmung gehört, so gilt

$$Flux_X(\gamma) = \begin{pmatrix} 0 \\ 0 \\ -2\pi R \end{pmatrix},$$

wobei R logarithmische Wachstumsrate des Endes ist.

Bemerkung 2.4.2. Die dritte Aussage beinhaltet, dass ein eingebettetes horizontales Ende endlicher Totalkrümmung immer vertikalen $Flux$ hat, und folgt direkt aus Satz 2.3.1. Insbesondere verschwindet der $Flux$ eines eingebetteten Endes genau dann, wenn das Ende planar ist.

Kapitel 3

Einige Nichtexistenz-Aussagen

3.1 Einleitung

In diesem Abschnitt stellen wir einige bekannte Nichtexistenz-Resultate über spezielle Minimalflächen mit planaren Enden zusammen.
Viele Fragestellungen betreffen die Gestalt von Minimalflächen mit Rand in einem durch zwei parallele Ebenen $\mathcal{P}_1, \mathcal{P}_2$ berandeten Streifen in $\mathbb{R}^3$.
Ein bekanntes Resultat etwa besagt, dass es keine kompakten Minimalflächen mit Rand in einem solchen Streifen derart gibt, dass der Rand aus konvexen geschlossenen Kurven $c_1 \subset \mathcal{P}_1$ bzw. $c_2 \subset \mathcal{P}_2$ besteht, mit Orthogonalprojektion von c_1 auf $\mathcal{P}_2$ disjunkt zu c_2. Als weitere Beispiele seien hierzu die Sätze von Shiffman [Sh] genannt.
Die Ausgangssituation kann dahingehend verallgemeinert werden, dass ein planares Ende innerhalb des Streifens zugelassen ist, etwa asymptotisch zur horizontalen Ebene $\{x_3 \equiv \eta \in \mathbb{R}\} \subset \mathbb{R}^3$. Fordert man dann, dass die Niveaumenge auf Höhe η eine zusammenhängende differenzierbare Kurve ohne Selbstschnitte ist, so sind die betrachteten Flächen mit Rand konform äquivalent zu einfach punktierten Kreisringen und das Ende von Ordnung 2. Resultate über Flächen dieses Typs sind z.B. die Verallgemeinerungen der Sätze von Shiffman durch Fang [F].
In diesem Kontext stehen auch die Sätze 3.3.2 und 3.3.4 von J. Pérez und A. Ros, mit deren Hilfe wir im anschließenden Kapitel mit Korollar 4.5.3 eine neue Aussage über die Gestalt zulässiger Startkonfigurationen für das Traizet-Verfahren beweisen.
Des Weiteren motivieren wir hier eine Frage von J. Choe und M. Soret [CS, Remark 1], die wir zumindest numerisch in Abschnitt 5.3 beantworten können.
Zunächst geben wir eine kurze Übersicht über die Geometrie von planaren minimalen Enden.

3.2 Eigenschaften planarer minimaler Enden

Es seien stets Σ eine Riemannsche Fläche und alle auftretenden minimalen Immersionen X als konform angenommen.
Als *horizontale Streifen* bezeichnen wir Teilmengen $\mathcal{S} \subset \mathbb{R}^3$ der Form $\mathcal{S} = \{(x_1,x_2,x_3) \in \mathbb{R}^3;\ a \leq x_3 \leq b\}$ mit $a,b \in \mathbb{R}$, $a < b$.

Lemma 3.2.1. *Sei $X : \Sigma \to \mathbb{R}^3$ eine minimale Einbettung endlicher Totalkrümmung mit Weierstraß-Daten $\{g,dh\}$ und weiter $p \in \Sigma$. Dann sind äquivalent:*

(i) dh hat eine Nullstelle der Ordnung $m \geq 0$ in p.

(ii) Die Niveaumenge $X_3^{-1}(X_3(p))$ bildet nahe p ein System von $m+1$ glatten Kurven, die sich gleichwinklig in p schneiden.

Beweis. Die Aussage ist von rein lokaler Natur.
Wir nehmen o.B.d.A $p = 0$ sowie $X_3(0) = 0$ an und betrachten $X_3 : D_\delta(0) \to \mathbb{R}, X_3(z) = \Re \int^z dh$, wobei die Kreisscheibe $D_\delta(0) \subset \mathbb{C}$ so gewählt werden kann, dass die holomorphe 1-Form dh dort eine Stammfunktion H besitzt. Wir wählen H mit $H(0) = 0$ und verkleinern $\delta > 0$ falls nötig so, dass 0 die einzige Nullstelle von H ist.
Mit $m \in \mathbb{N}_0$ sei dann $m+1$ die Ordnung der Nullstelle von H. Dann gilt $H(z) = z^{m+1}\phi(z)$ mit $\phi : D_\delta(0) \to \mathbb{C}$ holomorph und nullstellenfrei. Damit existiert eine $(m+1)$. holomorphe Wurzel $\varphi := \sqrt[m+1]{\phi}$, so dass gilt $H(z) = (z\varphi(z))^{m+1}$.
Es ist $z \mapsto z\varphi(z) =: \tilde{z}$ biholomorph in einer kleinen Umgebung von 0. In Koordinaten der Umkehrabbildung ist dann $H(\tilde{z}) = \tilde{z}^{m+1}$ und $dh = dH = d(\tilde{z}^{m+1}) = (m+1)\tilde{z}^m d\tilde{z}$. Es folgt

$$\begin{aligned} X_3(\tilde{z}) &= \Re\,(H(\tilde{z})) = \Re\left(\tilde{z}^{m+1}\right) = \Re\left(\left(|\tilde{z}|e^{\mathbf{i}\theta(\tilde{z})}\right)^{m+1}\right) \\ &= |\tilde{z}|^{m+1}\cos\left((m+1)\theta(\tilde{z})\right). \end{aligned}$$

Die Niveaumenge $X_3^{-1}(X_3(0))$ ist damit in $\tilde{z}$-Koordinaten genau dann durch $2(m+1)$ Strahlen

$$\left\{ S_l : [0,\varepsilon] \to \mathbb{C}, r \mapsto r \cdot \exp\left(\mathbf{i}\frac{2l-1}{2(m+1)}\pi\right) \mid \ l = 1,\ldots,2(m+1) \right\}$$

parametrisiert, wenn m die Ordnung der Nullstelle von dh ist.

□

Da X konform ist, schneiden sich auch die Bilder obiger Strahlen S_l unter X gleichwinklig im Bildpunkt $X(p) \in \mathbb{R}^3$.

Korollar 3.2.2. *Sei $X : \Sigma \to \mathbb{R}^3$ vollständige Minimalfläche endlicher Totalkrümmung und $\bar{\Sigma}_k$ wie in* Satz 2.2.2. *Für eine Endenpunktierung $p \in \bar{\Sigma}_k \setminus \Sigma$ und $\delta > 0$ sei $X|_{D_\delta(p)\setminus\{p\}}$ lokale Darstellung eines eingebetteten planaren Endes, etwa asymptotisch zu $\{x_3 \equiv 0\} \subset \mathbb{R}^3$. Dann sind äquivalent:*

(i) Das Ende ist von Ordnung $m \in \mathbb{N}_{\geq 2}$.

(ii) *Die Niveaumenge $X_3^{-1}(0)$ bildet nahe p ein System von $m-1$ Kurven, die sich in $\bar{\Sigma}_k$ gleichwinklig in p schneiden.*

Für die kleinstmögliche Ordnung $m=2$ ist $X(X_3^{-1}(0))$ außerhalb eines großen Kompaktums insbesondere asymptotisch zu einer Geraden.

Beweis. Seien $\{g, dh\}$ die Weierstraßdaten von X. Dann sind diese gemäß Lemma 2.3.2 meromorph bzw. holomorph auf $D_\delta(p) \subset \bar{\Sigma}_k$ fortsetzbar, und in einer Umgebung der Endenpunktierung p gilt in geeigneten Koordinaten $g(z) = z^m$ (siehe z.B. [L, § 1.3.2, S.12]). Nach der erweiterten Nullstellen-Polstellen-Bedingung hat dh in p eine Nullstelle der Ordnung $m-2$. Mit Lemma 3.2.1 folgt die Behauptung. □

Definition 3.2.1. Sei $X : \Sigma \to \mathbb{R}^3$ vollständige minimale Einbettung endlicher Totalkrümmung mit einem planaren Ende der Ordnung 2, asymptotisch zu $\{x_3 \equiv \eta \in \mathbb{R}\}$.
Dann heißt das Bild der Niveaumenge $X_3^{-1}(\eta)$ unter X *die zu diesem Ende gehörige Endkurve.*

Bemerkung 3.2.1. Nach Korollar 3.2.2 besitzt die Endkurve genau eine unbeschränkte Zusammenhangskomponente.
Nach Lemma 3.2.1 und der Nullstellen-Polstellen-Bedingung sind die Zusammenhangskomponenten der Endkurve differenzierbare ebene Kurven ohne Selbstschnitte genau dann, wenn die Endkurve keine vertikalen Punkte enthält.

Lemma 3.2.3. [CHM, S. 465]
Sei $X : \Sigma \to \mathbb{R}^3$ vollständige minimale Einbettung endlicher Totalkrümmung, o.B.d.A mit horizontalen Enden.
Sei $\mathcal{R}$ eine Gruppe von Rotationen um eine vertikale Achse und $X(\Sigma)$ symmetrisch unter $\mathcal{R}$.
Falls $|\mathcal{R}| = \infty$ gilt, so ist $X(\Sigma)$ minimale Rotationsfläche, also ein Katenoid.
Andernfalls ist $|\mathcal{R}| = m < \infty$ und $\mathcal{R}$ besteht aus Rotationen um die gegebene Achse um die Winkel $\frac{2\pi k}{m}$, $k = 1, \ldots, m$.
Ist p Punktierung eines planaren Endes, dann hat die Gauß-Abbildung eine Null- oder Polstelle der Ordnung $jm+1$ in p für ein $j \in \mathbb{N}$. Das zu p gehörige Ende ist vom Katenoid-Typ genau dann, wenn $j = 0$. Insbesondere hat die Gauß-Abbildung lokal Ordnung 2 genau dann, wenn $j = 1 = m$ ist, also $\mathcal{R}$ nur die Identität enthält.

Korollar 3.2.4. *Ein planares minimales Ende der Ordnung 2 besitzt keine nicht-trivialen Rotationssymmetrien.*

Bekannt ist folgendes

Lemma 3.2.5. *Sei $X : \Sigma \to \mathbb{R}^3$ vollständige minimale Einbettung endlicher Totalkrümmung mit einem planaren Ende der Ordnung 2, o.B.d.A. asymptotisch zu $\{x_3 \equiv 0\} \subset \mathbb{R}^3$, und Weierstraß-Daten $\{g, dh\}$.*
Die zugehörige Endkurve sei zusammenhängend und frei von Selbstschnitten.
Dann gibt es $\varepsilon > 0$, so dass $X(\Sigma) \cap \{|x_3| \leq \varepsilon\}$ konform äquivalent zum punktierten Kreisring $\{z \in \mathbb{C} | \ \frac{1}{r} \leq |z| \leq r\} \setminus \{1\} =: A_r \setminus \{1\}$ mit $r = e^\varepsilon$ ist.

In A_r-Koordinaten gilt dann bis auf reelle Skalierung $dh = \frac{1}{z}dz$ und die Endkurve ist parametrisiert durch $\gamma : (0, 2\pi) \to A_r, t \mapsto e^{it}$.
Das planare Ende korrespondiert zur Punktierung des Kreisrings.

Beweis. Nach Satz 2.2.2 gibt es eine kompakte Riemannsche Fläche $\bar{\Sigma}$, so dass $\Sigma \cong \bar{\Sigma} \setminus \{p_1, ..., p_n\}$. Das planare Ende auf Höhe $x_3 = 0$ korrespondiere etwa zu $p_i \in \bar{\Sigma}$. Nach Lemma 3.2.1 besitzt $dh = \frac{\partial X_3}{\partial z} dz$ keine Nullstellen entlang der Endkurve. Nach Satz 2.2.2 ist dh in p_i hinein holomorph fortsetzbar und aus Korollar 3.2.2 folgt $dh(p_i) \neq 0$. Wegen Stetigkeit gibt es damit $\varepsilon > 0$ so, dass dh keine Nullstellen und damit X_3 keine kritischen Punkte auf $X(\Sigma) \cap \{|x_3| \leq \varepsilon\}$ hat. Mit Morse-theoretischen Argumenten folgt, dass $\bar{\Sigma} \cap X^{-1}(\{|x_3| \leq \varepsilon\})$ konform äquivalent zu einem Kreisring ist, und nach [FH, Lemma 1] ist dieser von der behaupteten speziellen Gestalt. Wegen der Eindeutigkeit der Lösungen des Dirichletschen Randwertproblems auf Kreisringen (siehe z.B. [L, §10.3]) hat dh die angegebene Form.
(Details siehe auch [FW, S. 1532], [PR, Theorem 2.14].) □

Bemerkung 3.2.2. [FH, Lemma 1]
Ist umgekehrt $A \subset \mathcal{S} \subset \mathbb{R}^3$ Minimalfläche vom Typ eines Kreisrings in einem horizontalen Streifen $\mathcal{S}$, mit Rand bestehend aus zwei geschlossenen Jordankurven in $\partial\mathcal{S}$ und einem planaren Ende in $\mathcal{S}$ gegeben, so kann A konform parametrisiert werden durch $X : A_r \setminus \{z_0\} \to \mathbb{R}^3$, wobei $A_r \subset \mathbb{C}$ Kreisring wie in Lemma 3.2.5 und $z_0 \in \mathring{A}_r$ ist. Weiter ist das planare Ende von Ordnung 2 und die Endkurve zusammenhängend.

3.3 Nichtexistenz-Resultate

J. Choe und M. Soret haben gezeigt, dass die Endkurven von planaren Enden der Ordnung 2 genügend kompliziert verlaufen müssen.

Satz 3.3.1. [CS, Theorem 2]
Sei M eine vollständige eingebettete Minimalfläche endlicher Totalkrümmung in $\mathbb{R}^3$ mit einem planaren Ende der Ordnung 2, asymptotisch zu einer Ebene $\mathcal{P}$. Die zugehörige Endkurve sei zusammenhängend.
Dann gibt es keine Gerade $G \subset \mathcal{P}$, so dass die Endkurve ein Graph über G ist.

Bemerkung 3.3.1. Die Forderung von endlicher Totalkrümmung ist eine wesentliche Voraussetzung, wie *Riemanns Minimalfläche* zeigt. Diese ist eine einfach periodische eingebettete Minimalfläche, deren Niveaumengen Kreise oder Geraden sind. Jede Gerade ist dabei Endkurve genau eines planaren Endes der Ordnung 2 der Fläche.

Satz 3.3.2. [PR2, Theorem 3]
Sei $X : \Sigma \to \mathbb{R}^3$ eigentliche minimale Einbettung endlicher Totalkrümmung in einem durch zwei disjunkte, horizontale Ebenen $\mathcal{P}_1, \mathcal{P}_2$ berandeten Streifen.
Der Rand von $X(\Sigma)$ bestehe aus zwei konvexen Jordankurven in $\mathcal{P}_1$ bzw. $\mathcal{P}_2$. Hat X dann vertikalen Flux, so ist $X(\Sigma)$ konform äquivalent zu einem (nicht-punktierten) Kreisring.

Korollar 3.3.3. *Es gibt keine berandeten eigentlich eingebetteten Minimalflächen X mit endlicher Totalkrümmung und vertikalem Flux in einem horizontalen Streifen $\mathcal{S} \subset \mathbb{R}^3$, die ein planares Ende in $\mathcal{S}$ besitzen und deren Rand aus zwei konvexen Jordankurven in $\partial\mathcal{S}$ besteht.*

Bemerkung 3.3.2. Ist $X : \Sigma \to \mathbb{R}^3$ vollständige minimale Einbettung endlicher Totalkrümmung mit o.B.d.A horizontalen Enden, so haben die Enden nach Lemma 2.4.1 (iii) vertikalen Flux. Betrachtet man den Schnitt einer solchen Fläche mit einem beliebigen horizontalen Streifen $\mathcal{S}$, dessen Ränder nicht auf der Höhe eines planaren Endes liegen, dann bilden die Randkurven $X(\Sigma) \cap \partial\mathcal{S}$ einen Zyklus von geschlossenen Kurven, der homolog ist zu einem Zyklus von Kurven, die die Enden von $X(\Sigma)$ ausschneiden, also je in der Homologieklasse eines Endes liegen.
Damit hat auch der Zyklus der Randkurven von $X(\Sigma) \cap \mathcal{S}$ vertikalen Flux.
Flächen wie in Korollar 3.3.3 können also insbesondere nicht als Teile vollständiger Minimalflächen (ohne Rand) auftreten.

Satz 3.3.4. [PR, Korollar 3.31]
Es gibt keine eigentlich eingebetteten Minimalflächen $M \subset \mathbb{R}^3$ mit Rand und vertikalem Flux mit folgenden Eigenschaften:

(a) M ist globaler Graph außerhalb zweier disjunkter konvexer Gebiete in $\{x_3 \equiv 0\}$.

(b) Der Rand ∂M besteht aus zwei geschlossenen konvexen Kurven in horizontalen Ebenen.

Wegen (a) besitzen Flächen wie im obigen Satz genau ein Ende. Falls dieses planar ist, so befindet sich nach dem Maximumprinzip für harmonische Funktionen die zum planaren Ende asymptotische Ebene strikt zwischen den Ebenen, welche die Randkurven enthalten.

Die Voraussetzung „vertikaler Flux“ in Satz 3.3.4 ist nötig, wie ein Beispiel von Fang und Hwang zeigt:

Satz 3.3.5. [FH, Theorem 4]
Es gibt eine eingebettete Minimalfläche M mit Rand in einem horizontalen Streifen $\mathcal{S}$ mit den Eigenschaften:

(a) M ist globaler Graph außerhalb zweier disjunkter konvexer Gebiete in $\{x_3 \equiv 0\}$ und konform äquivalent zu einem punktierten Kreisring.

(b) M besitzt ein planares Ende der Ordnung 2.

(c) Der Rand ∂M besteht aus einer Kreislinie in der oberen Randebene und einer strikt konvexen reell analytischen Jordankurve in der unteren Randebene von $\mathcal{S}$.

(d) Die Endkurve[1] ist keine Gerade. Insbesondere gibt es Niveaulinien, die keine konvexen Jordankurven sind.

[1]Diese ist in der vorliegenden Situation nach Bemerkung 3.2.2 zusammenhängend.

Bemerkung 3.3.3. In den Abschnitten 5.2, 5.3 konstruieren wir vollständige eingebettete Minimalflächen mit planarem Ende der Ordnung 2, deren Endkurven differenzierbar und frei von Selbstschnitten, jedoch nicht zusammenhängend sind.
Numerische Approximation legt nahe, dass einige dieser Beispiele Endkurven besitzen, deren unbeschränkte Komponenten Graphen über einer Geraden sind.[2]
Dies beantwortet eine Frage von Choe und Soret [CS, Remark 1].
Es ist nicht bekannt, ob es Beispiele mit zusammenhängender Endkurve gibt. Nach Lemma 3.2.5 und Bemerkung 3.3.2 wäre der Schnitt solcher Minimalflächen mit einem genügend dünnen horizontalen Streifen dann konform äquivalent zu einem einfach punktierten Kreisring mit vertikalem Flux.
Die Frage nach der Existenz solcher eingebetteter minimaler Kreisringe ist bis jetzt ebenfalls unbeantwortet; ein immersiertes Beispiel wird in [CS] angegeben.
Unser Korollar 4.5.3 schließt aber ihr Auftreten als Teilstücke von den im vierten Kapitel vorgestellten *Traizet-Flächen* aus.

[2] siehe Abbildung A.2

Kapitel 4

Der Satz von Traizet

4.1 Einleitung

In [Tr] stellt M. Traizet 2002 eine Methode vor, die die Konstruktion von vollständigen eingebetteten Minimalflächen endlicher Totalkrümmung auf das Lösen von algebraischen Gleichungen zurückführt. Mit Hilfe dieser gelingt z.B. der Existenznachweis für solche Minimalflächen ohne nicht-triviale Symmetrien.
Man kann sich mit Traizets Verfahren gewonnene Beispiele als N deformierte, parallele Ebenen, verbunden durch kleine Katenoid-Hälse, vorstellen.
Die Grundidee ist, für eine (singuläre) Ausgangskonfiguration von Halspositionen und Halsradien[1] das Periodenproblem zu lösen und die Nullstellen-Polstellen-Bedingung zu erfüllen, um dann mit Hilfe des Satzes über implizite Funktionen in der Nähe dieser Konfiguration reguläre Lösungen zu finden.
Genauer werden abhängig von einem reellen Parameter $t > 0$ nahe 0 und einer Vielzahl von weiteren Parametern eine punktierte kompakte Riemannsche Fläche Σ sowie Weierstraß-Daten $\{g, dh\}$ auf Σ konstruiert.
In $t = 0$ degeneriert Σ zu einer Riemannschen Fläche mit Knotenpunkten. Es wird dann gezeigt, dass die zugehörigen Weierstraß-Daten in dieser singulären Situation die Voraussetzungen von Satz 2.2.1 erfüllen. Dieser Umstand wird durch Einstellen der übrigen Parameter mittels des Satzes über implizite Funktionen für $t > 0$ erhalten.
Sprechen wir von Limiten gewisser Parameter, so sind immer die Werte im singulären Fall $t = 0$ gemeint.

Erwähnenswert ist weiterhin eine Anschlussarbeit von Traizet, in der der Autor unter bestimmten Bedingungen zeigt, dass sich in sog. schwachen Grenzwerten (siehe [R], [PR, § 5]) von Folgen im Raum der vollständigen eingebetteten Minimalflächen endlicher Totalkrümmung bis auf geeignete

[1]Für ein gewöhnliches Katenoid sind alle Niveaulinien Kreise; wir bezeichnen mit dem *Halsradius* den Radius des Höhenkreises in der Symmetrieebene des Katenoids und als *Halsposition* seinen Mittelpunkt.

Homothetien solche Ausgangskonfigurationen wiederfinden lassen [Tr2, Theorem 4].

Wir stellen jetzt den Satz von Traizet vor und skizzieren den Beweis.

4.2 Konfigurationen

Definition 4.2.1. Gegeben seien $N \in \mathbb{N}_{\geq 2}$, eine Indexmenge I mit $|I| =: n < \infty$ und ein Vektor $p = (p_i)_{i \in I} \in \mathbb{C}^n = \mathbb{R}^{2n}$.
Wir interpretieren N als die Anzahl der zu konstruierenden Enden und $\{p_i|\ i \in I\}$ als die Limespositionen der zu konstruierenden Katenoid-Hälse.
Es sei weiter durch $l : I \to \{1,...,N-1\}, i \mapsto l(i)$ jedem Index $i \in I$ surjektiv eine *Höhe* zugeordnet. Wir schreiben $I_k := \{i \in I|\ l(i) = k\}$ für die Menge der Indizes auf Höhe $k \in \{1,...,N-1\}$ und setzen $n_k := |I_k|$.
Schließlich seien c_k für $k \in \{1,...,N-1\}$ positive reelle Zahlen, die wir als Radien der Hälse auf Höhe k auffassen und $c := (c_1,...,c_{N-1}) \in \mathbb{R}^{N-1}$.
Ein Satz von Daten (N,I,p,c,l) heißt eine *Konfiguration.*

Bemerkung 4.2.1. Aus technischen Gründen wird gesetzt

$$I_0 := \emptyset =: I_N, \ \ n_0 := 0 =: n_N \ ,c_0 := 0 =: c_N.$$

Das Wort „Höhe“ hat zunächst lediglich kombinatorische Bedeutung. Die geometrischen Interpretationen der Daten werden durch den Hauptsatz dieses Kapitels bzw. durch Abschnitt 4.5 klar.

Definition 4.2.2. (i) Eine Konfiguration (N,I,p,c,l) heißt *regulär*, falls $p_i \neq p_j$ f.a. $i \neq j$ mit $|l(i) - l(j)| \leq 1$ gilt.
Gilt $p_i \neq p_j$ für alle $i \neq j$, so nennen wir eine Konfiguration *superregulär.*

(ii) Für eine reguläre Konfiguration (N,I,p,c,l) und $i \in I_k$ heißt die Abbildung

$$\begin{aligned} F_i : \mathbb{C}^n \to \mathbb{C}, \quad q \mapsto F_i(q) &:= F_i(c,q) \\ &:= \sum_{j \in I_k, j \neq i} \frac{2c_k^2}{q_i - q_j} - \sum_{j \in I_{k+1}} \frac{c_k c_{k+1}}{q_i - q_j} - \sum_{j \in I_{k-1}} \frac{c_k c_{k-1}}{q_i - q_j} \end{aligned}$$

die *Kraftfunktion zum Index i* und $F := (F_i)_{i \in I}$ die *Kraftfunktion.*
Gilt $F(p) = 0$, so heißt die gegebene Konfiguration *kräftefrei.*

(iii) Eine Konfiguration heißt *nicht-degeneriert*, falls das Differential der Kraftfunktion F in p komplexen Rang $n-2$ hat.

(iv) Wir bezeichnen eine Konfiguration mit N Enden und n_k Hälsen auf Höhe k, $k \in \{1,...,N-1\}$, als *vom Typ* $T(n_1,...,n_{N-1})$.

Bemerkung 4.2.2. (i) Elementare Rechnungen zeigen

$$\sum_{i\in I} F_i(q) = 0, \tag{4.2.1}$$

$$\begin{aligned}\sum_{i\in I} q_i F_i(q) &= \sum_{k=1}^{N-1} n_k(n_k-1)c_k^2 - \sum_{k=1}^{N-2} n_k n_{k+1} c_k c_{k+1} \\ &=: W(c)\end{aligned} \tag{4.2.2}$$

für alle im Sinne von Definition 4.2.2 (i) regulären Vektoren $q \in \mathbb{C}^n$.
Durch $W(c) = 0$ ist daher eine notwendige Bedingung für Kräftefreiheit gegeben.
Weiter folgt $0 = \sum_{i\in I} \frac{\partial F_i}{\partial q_j}(q)$. Falls p^0 kräftefrei ist, so folgt bei vorgegebenen N und c sogar $0 = \sum_{i\in I} p_i^0 \frac{\partial F_i}{\partial p_j}(p^0)$ für alle $j \in I$.
Damit gilt für eine kräftefreie Konfiguration p^0 insbesondere

$$\mathbf{1} := (1,...,1), p^0 \in Kern(DF_{p^0}). \tag{4.2.3}$$

Da diese beiden Vektoren für reguläre Konfigurationen mit $n > 1$ linear unabhängig sind, ist $n-2$ der maximale Rang von DF_{p^0}.

(ii) Die *Kraftgleichung* $F_i(p) = 0$ ist invariant unter Transformationen vom Typ $\mathbb{C}^n \ni p \mapsto x \cdot p + y \cdot \mathbf{1} \in \mathbb{C}^n$, $x, y \in \mathbb{C}$, $x \neq 0$. Man kann also Translation und Skalierung festlegen; dann ist die Bedingung für Kräftefreiheit ein System von $n-2$ komplexen algebraischen Gleichungen in $n-2$ Unbekannten.

Nun können wir den Satz von Traizet formulieren.

4.3 Der Satz von Traizet

Satz 4.3.1 ([Tr]). *Sei eine reguläre kräftefreie nicht-degenerierte Konfiguration (N, I, p^0, c^0, l) gegeben. Das Differential der Abbildung $\mathbb{R}^{N-1} \to \mathbb{R}$, $c \mapsto W(c)$ habe in $c = c^0$ (maximalen) Rang 1. Dann gibt es eine glatte Einparameterfamilie $(M_t)_{0<t<\varepsilon}$ von vollständigen Minimalflächen endlicher Totalkrümmung, so dass gilt:*

(i) Bis auf Translation konvergieren für $t \to 0$ die Hälse auf Höhe k gegen Katenoide mit Halsradien c_k.

(ii) M_t, skaliert mit t, konvergiert für $t \to 0$ gegen eine N-blättrige horizontale Ebene mit singulären Punkten $\{p_i, i \in I\}$.[2]

Weiter hat M_t Geschlecht $n - N + 1$ und N eingebettete Enden, deren logarithmische Wachstumsraten $(R_1, ..., R_N)$ bis auf zwei Ausnahmen, etwa $R_{\hat{k}}$, R_N, in einer hinreichend kleinen Umgebung von $Q^0 =$

[2](i) und (ii) werden durch Satz 4.5.1 präzisiert

$(Q^0_1,...,Q^0_N)$ *frei wählbar sind.*
Die Einträge des Vektors Q^0 *sind hierbei induktiv durch die Halsradien gemäß*

$$Q^0_k := n_{k-1}c^0_{k-1} - n_k c^0_k \tag{4.3.1}$$

definiert.
Die Parameter $R_{\hat{k}}$ *und* R_N *sind als glatte Funktionen von* t *und den übrigen logarithmischen Wachstumsraten gegeben. Es gilt*

$$R_j\big(t=0,(Q^0_k)_{k\neq\hat{k},N}\big) = Q^0_j = n_{j-1}c^0_{j-1} - n_j c^0_j \text{ für } j \in \{\hat{k},N\}$$

und offensichtlich $\sum_{k=1}^N Q^0_k = 0$.

Wir werden zeigen[3], dass es einen Isomorphismus

$$c : R := (R_1,...,R_{N-1}) \mapsto (c_1(R),...,c_{N-1}(R)), \quad c(Q^0_1,...,Q^0_{N-1}) = c^0$$

zwischen den Halsradien und den logarithmischen Wachstumsraten gibt. Dieser hängt nur insofern von t ab, als dass ein Parameter $R_{\hat{k}}$ Funktion von t und den übrigen Variablen $(t,R_1,...,\widehat{R_{\hat{k}}},...,R_{N-1}) \mapsto R_{\hat{k}}(t,R_1,...,\widehat{R_{\hat{k}}},...,R_{N-1})$ ist. Statt der logarithmischen Wachstumsraten, bis auf zwei Ausnahmen, können daher alternativ die Halsradien bis auf zwei Ausnahmen als freie Parameter nahe der Ausgangskonfiguration angenommen werden. Insbesondere gilt nicht notwendig $c_k \to c^0_k$ für $t \to 0$.
Die Bedingung an die Abbildung W ist äquivalent zu $\frac{\partial}{\partial k}(W \circ c)(Q^0_1,...,Q^0_{N-1}) \neq 0$ für wenigstens einen Index $k \in \{1,...,N-1\}$.

Falls $Q^0_1 < ... < Q^0_N$ zeigt Traizet, dass M_t für genügend kleine t eingebettet ist. Diese Aussage verallgemeinern wir zu folgendem

Korollar 4.3.2. *Zusätzlich zu den Voraussetzungen von Satz* 4.3.1 *gelte*

$$Q^0_1 \leq ... \leq Q^0_{N-1} < Q^0_N \text{ sowie } Q^0_{k-1} < Q^0_k < Q^0_{k+1}$$

für ein $k \in \{1,...,N-1\}$ *mit* $\frac{\partial}{\partial k}(W \circ c)(Q^0_1,...,Q^0_{N-1}) \neq 0$.
Dann ist M_t *für alle* t *hinreichend klein eingebettet.*

Der Beweis wird am Ende von Abschnitt 4.5 geführt.

Definition 4.3.1. Wir nennen mit Satz 4.3.1 konstruierte Minimalflächen
Traizet-Flächen.
Eine Konfiguration, die die Voraussetzungen von obigem Korollar erfüllt, heißt *eingebettet.*

Es wird noch deutlich werden, dass planare Enden zu Parametern $R_k \equiv Q^0_k = 0$ korrespondieren. Mit Korollar 4.3.2 ist es nun möglich, speziell Selbstschnittfreiheit von Traizet-Flächen mit mehreren

[3] siehe (4.3.12)

planaren Enden nachzuweisen.

Wir skizzieren nun den Beweis von Satz 4.3.1; dabei beleuchten wir im Detail nur die Punkte, die für den Existenzbeweis von Minimalflächen mit planaren Enden kleinster Ordnung wesentlich sind. Ausgelassene Beweise und Details findet man in [Tr].
Auf die Aussagen Satz 4.3.1 (i),(ii) über die Geometrie der Flächen M_t gehen wir in Abschnitt 4.5 ein, wo wir auch Korollar 4.3.2 beweisen.

Nach Darstellungssatz von Weierstraß sind eine Riemannsche Fläche Σ, eine meromorphe Funktion $g : \Sigma \to \hat{\mathbb{C}}$ und eine holomorphe 1-Form dh auf Σ so zu konstruieren, dass die (erweiterte) Nullstellen-Polstellen- und die Periodenbedingung erfüllt sind.
Vorab sei schon betont, dass sowohl die Kräftefreiheit der Startkonfiguration wie auch die Voraussetzungen an den Rang des Differentials der Abbildung W und den des Differentials der Kraftfunktion ausschließlich dazu benötigt werden, die horizontalen Perioden in Schritt 6 zu annihilieren.

Schritt 1: *Konstruktion von* (Σ, g, dh).
Wir betrachten N Kopien der komplexen Ebene $\mathbb{C}$ und ihre jeweilige Kompaktifizierung $\hat{\mathbb{C}}_k := \mathbb{C}_k \cup \{\infty_k\}$. Wir wollen eine meromorphe Abbildung g auf ihrer disjunkten Vereinigung $\hat{\mathbb{C}}_1 \cup \ldots \cup \hat{\mathbb{C}}_N$ definieren, so dass

$$g(\infty_k) = \begin{cases} 0, & k \text{ ungerade} \\ \infty, & k \text{ gerade} \end{cases}.$$

Dies entspricht nach Satz 2.3.3 der Notwendigkeit, dass für vollständige eingebettete Minimalflächen endlicher Totalkrümmung die Normalenvektoren in den Enden alternierend vertikal sind. Um Hälse, oder topologisch betrachtet, Henkel zu erzeugen, werden aus $\bigcup_k \mathbb{C}_k$ kleine Kreise um insgesamt $2n$ verschiedene Punkte $a_i \in \mathbb{C}_k$, $b_i \in \mathbb{C}_{k+1}$ für $i \in I_k$ herausgeschnitten und auf kleinen Kreisringen Punkte aus aufeinanderfolgenden $\mathbb{C}_k$ miteinander identifiziert. Weiter sollen

$$v_i := \frac{1}{g_k} \quad \text{bzw.} \quad w_i := \frac{1}{g_{k+1}} \tag{4.3.2}$$

als lokale Koordinaten um a_i bzw. b_i dienen, und für miteinander identifizierte Punkte soll die Gauß-Abbildung den gleichen Funktionswert liefern.
Dies motiviert die Definitionen

$$g_k : \mathbb{C}_k \to \hat{\mathbb{C}}, z \mapsto \sum_{i \in I_k} \frac{\alpha_i}{z - a_i} + \sum_{i \in I_{k-1}} \frac{\beta_i}{z - b_i}, \tag{4.3.3}$$

$$g : \bigcup_{k=1}^{N} \mathbb{C}_k \to \hat{\mathbb{C}}, z \mapsto \begin{cases} t g_k(z), & z \in \mathbb{C}_k, \quad k \text{ ungerade} \\ \frac{1}{t g_k(z)}, & z \in \mathbb{C}_k, \quad k \text{ gerade} \end{cases} \tag{4.3.4}$$

mit komplexen Parametern $\alpha_i, \beta_i \in \mathbb{C} \setminus \{0\}$.

Sei $i \in I_k$. Für $z \in \mathbb{C}_k$ in der Nähe von a_i, $z' \in \mathbb{C}_{k+1}$ in der Nähe von b_i und k etwa ungerade gilt

$$g(z) = g(z') \Leftrightarrow v_i(z)w_i(z') = t^2.$$

Sei nun $\varepsilon > 0$ genügend klein fest gewählt, so dass die im Folgenden definierten Kreisringe disjunkt sind.

Wir schreiben kurz $\{|v_i| \leq \frac{t^2}{\varepsilon}\} := \{z \in \mathbb{C}_k | \ |v_i(z)| \leq \frac{t^2}{\varepsilon}\}$ und $\{|w_i| \leq \frac{t^2}{\varepsilon}\} := \{z \in \mathbb{C}_{k+1} | \ |w_i(z)| \leq \frac{t^2}{\varepsilon}\}$ und setzen

$$\tilde{\Sigma} := \bigcup_{k=1}^{N} \left(\mathbb{C}_k \setminus \left(\bigcup_{i \in I_k} \left\{ |v_i| \leq \frac{t^2}{\varepsilon} \right\} \cup \bigcup_{i \in I_{k-1}} \left\{ |w_i| \leq \frac{t^2}{\varepsilon} \right\} \right) \right).$$ [4]

Jetzt werden für $i \in I_k$ Punkte $z \in \left\{ \frac{t^2}{\varepsilon} < |v_i(z)| < \varepsilon \right\} \subset \mathbb{C}_k$, $z' \in \left\{ \frac{t^2}{\varepsilon} < |w_i(z')| < \varepsilon \right\} \subset \mathbb{C}_{k+1}$ mit

$$v_i(z)w_i(z') = t^2 \tag{4.3.5}$$

miteinander identifiziert.

Die so definierte Riemannsche Fläche bezeichnen wir mit Σ und ihre Kompaktifizierung mit $\hat{\Sigma} := \Sigma \cup \{\infty_1, ..., \infty_N\}$.

Man überlegt sich nun, dass $\hat{\Sigma}$ das Geschlecht $G = n - N + 1$ besitzt.

Um die holomorphe 1-Form dh zu definieren, wird zunächst wie folgt eine kanonische Homologiebasis $\{\gamma_1, ...\gamma_G, \Gamma_1, ..., \Gamma_G\}$ von $\hat{\Sigma}$ gewählt:

Für $i \in I_k$ sei γ_i eine geschlossene Kurve homolog zu $\{|z - a_i| = \varepsilon\} \subset \mathbb{C}_k$ mit negativer Orientierung ($\Leftrightarrow \gamma_i$ homolog zu $\{|z - b_i| = \varepsilon\} \subset \mathbb{C}_{k+1}$ positiv orientiert). Setze

$$i_0(k) := \min I_k \text{ und } J := \{i \in I | \ i > i_0(l(i))\}. \tag{4.3.6}$$

Dann gilt $|J| = G$.

Für $i \in J$, etwa mit $l(i) = k$, sei nun $i_0 := i_0(k)$ und Γ_i die Komposition der folgenden Wege $W_1^i, ..., W_4^i$:

- W_1^i sei stetiger Weg von $v_i^{-1}(\frac{\varepsilon}{2})$ nach $v_{i_0}^{-1}(\frac{\varepsilon}{2})$.
- $W_2^i : [0,1] \to \Sigma, s \mapsto v_{i_0}^{-1}((1-s)\frac{\varepsilon}{2} + s\frac{2t^2}{\varepsilon})$.
  Man beachte $W_2^i(1) = v_{i_0}^{-1}(\frac{2t^2}{\varepsilon}) = w_{i_0}^{-1}(\frac{\varepsilon}{2})$. W_2^i ist also ein Weg „den i_0. Hals hinauf".
- W_3^i sei ein stetiger Weg von $w_{i_0}^{-1}(\frac{\varepsilon}{2})$ nach $w_i^{-1}(\frac{\varepsilon}{2})$.
- $W_4^i : [0,1] \to \Sigma, s \mapsto v_i^{-1}(s\frac{\varepsilon}{2} + (1-s)\frac{2t^2}{\varepsilon})$,
  ein Weg von $W_4^i(0) = v_i^{-1}(\frac{2t^2}{\varepsilon}) = w_i^{-1}(\frac{\varepsilon}{2})$ „den i. Hals hinunter".

Dann ist $\{\gamma_i, \Gamma_i\}_{i \in J}$ eine kanonische Homologiebasis (siehe hierzu auch [Tr, Figure 13, S. 131]).

Auf einer kompakten Riemannschen Fläche ist eine meromorphe 1-Form mit nur einfachen Polen

[4] Es sei an $I_0 = \emptyset = I_N$ erinnert, siehe Bemerkung 4.2.1.

durch die Werte der Integrale entlang der Kurven einer kanonischen Homologiebasis und die Residuen in ihren Polstellen eindeutig festgelegt.
Genauer definieren wir hier für reelle Parameter $(r_i)_{i\in J}$ mit $r_i > 0$, und $R_1,...,R_N$ mit $\sum_k R_k = 0$ die meromorphe 1-Form dh als die eindeutige meromorphe 1-Form auf $\hat{\Sigma}$ mit

$$\int_{\gamma_i} dh = 2\pi\mathbf{i}\, r_i \qquad \forall i \in J, \tag{4.3.7}$$

$$\mathrm{res}_{\infty_k} dh = -R_k \quad \forall k \in \{1,...,N\}. \tag{4.3.8}$$

Bemerkung 4.3.1. (i) dh ist holomorph auf Σ.

(ii) Für $i \in I \setminus J$ wird r_i definiert durch

$$\int_{\gamma_i} dh = 2\pi\mathbf{i}\, r_i.$$

Später sehen wir noch ein, dass die Parameter r_i als die Halsradien interpretiert werden können.

(iii) Geometrisch korrespondieren punktierte Umgebungen um ∞_k je genau zu einem topologischen Ende der zu konstruierenden Minimalflächen; der Parameter R_k ist die logarithmische Wachstumsrate des Endes.

Insgesamt erhalten wir (Σ, g, dh) abhängig von folgenden Parametern:

$$\begin{aligned}
a &= (a_1,...,a_n) &&\in \mathbb{C}^n,\\
b &= (b_1,...,b_n) &&\in \mathbb{C}^n,\\
\alpha &= (\alpha_1,...,\alpha_n) &&\in \mathbb{C}^n,\\
\beta &= (\beta_1,...,\beta_n) &&\in \mathbb{C}^n,\\
r &= (r_i)_{i\in J} &&\in \mathbb{R}^G,\\
R &= (R_1,...,R_N) &&\in \mathbb{R}^N,\\
t &\in (0,\varepsilon) &&\subset \mathbb{R}.
\end{aligned}$$

Dabei ist $\varepsilon > 0$ eine hinreichend kleine Konstante.
Die Gesamtheit dieser Parameter bezeichnen wir mit $\mathcal{X} := (t,a,b,\alpha,\beta,r,R)$; durch die vorgegebene Konfiguration ist der singuläre Punkt
$\mathcal{X}^0 := (t^0,a^0,b^0,\alpha^0,\beta^0,r^0,R^0)$, definiert durch

$$\begin{aligned}
t^0 &= 0, \quad -\alpha_i^0 := \beta_i^0 := c_k^0 =: r_i^0 \text{ für } i \in I_k,\\
R_k^0 &:= Q_k^0, \quad a_i^0 := -\overline{b}_i^0 := \begin{cases} \overline{p}_i^0, & i \in I_k,\ k \text{ ungerade} \\ -p_i^0, & i \in I_k,\ k \text{ gerade} \end{cases}
\end{aligned}$$

gegeben.
Wir zeigen im Folgenden durch mehrfache Anwendung des Satzes über implizite Funktionen in $\mathcal{X}^0$,

dass obige Parameter als Funktionen von t und den logarithmischen Wachstumsraten R_k gewählt werden können, so dass die zugehörigen Weierstraß-Daten (Σ, g, dh) die erweiterte Nullstellen-Polstellen-Bedingung (siehe Schritt 3), sowie die Periodenbedingung (siehe Schritte 4, 5, 6) erfüllen.

Bemerkung 4.3.2. Betrachtet man für beliebige komplexe Zahlen $x, y \in \mathbb{C}$, $x \neq 0$ die skalierten Translate der Parameter (a, b, α, β), d.h. genauer

$$\begin{aligned} \tilde{a}_i &:= x a_i + y, \quad \tilde{\alpha}_i := x \alpha_i, \\ \tilde{b}_i &:= x b_i + y, \quad \tilde{\beta}_i := x \beta_i, \end{aligned}$$

so gilt für $\tilde{g} := g(\tilde{a}, \tilde{b}, \tilde{\alpha}, \tilde{\beta})$, $\tilde{\Sigma} = \Sigma(\tilde{a}, \tilde{b}, \tilde{\alpha}, \tilde{\beta})$:
$\Phi : \Sigma \to \tilde{\Sigma}, \mathbb{C}_k \ni z \mapsto xz + y \in \mathbb{C}_k$ ist ein Diffeomorphismus und $\tilde{g} \circ \Phi = g$.
Eine Parameterkonfiguration kann also durch Wahl von (komplexer) Skalierung und Translation normalisiert werden.

Für eine genügend kleine Konstante $0 < \omega < \varepsilon$ setzen wir noch

$$\begin{aligned} \Omega_k &:= \bigcap_{i \in I_k} \{|z - a_i^0| > \omega\} \cap \bigcap_{i \in I_{k-1}} \{|z - b_i^0| > \omega\} \subset \mathbb{C}_k \text{ sowie} \\ \Omega &:= \bigcup_{k=1}^{N} \Omega_k \end{aligned} \tag{4.3.9}$$

und bemerken, dass die Definition von Ω unabhängig von allen Parametern ist. Weiter sind für X nahe X^0 die ausgeschnittenen Kreise $\{|v_i| \leq \frac{t^2}{\varepsilon}\}$ und $\{|w_i| \leq \frac{t^2}{\varepsilon}\}$ außerhalb von Ω, so dass $\Omega \subset \Sigma$ gilt.
Damit ist die Wahl der Γ_i (und die von ω) noch zu präzisieren:
Wir fordern, dass W_1^i ganz in Ω_k und W_3^i ganz in Ω_{k+1} verläuft.

Für uns ist noch interessant, wann die Gauß-Abbildung in der Nähe einer Endenpunktierung ∞_k genau von Ordnung 2 ist:

Bemerkung 4.3.3. Es sei w eine lokale Koordinate um $0 \in \mathbb{C}_k$, so dass $\frac{1}{w}$ lokale Koordinate um ∞_k ist. Dann gilt

$$\begin{aligned} g_k\left(\frac{1}{w}\right) &= \sum_{i \in I_k} \frac{\alpha_i}{\frac{1}{w} - a_i} + \sum_{i \in I_{k-1}} \frac{\beta_i}{\frac{1}{w} - b_i} \\ &= \sum_{i \in I_k} \frac{\alpha_i w}{1 - a_i w} + \sum_{i \in I_{k-1}} \frac{\beta_i w}{1 - b_i w}. \end{aligned}$$

O.B.d.A ist $|w|$ so klein, dass $|a_i w|, |b_i w| < 1$ für alle $i \in I$.
Dann ist $\frac{1}{1 - a_i w} = \sum_{\nu=0}^{\infty} (a_i w)^\nu$, $\frac{1}{1 - b_i w} = \sum_{\nu=0}^{\infty} (b_i w)^\nu$ und es folgt

$$\begin{aligned} g_k\left(\frac{1}{w}\right) &= \sum_{i \in I_k} \alpha_i w \left(\sum_{\nu=0}^{\infty} (a_i w)^\nu\right) + \sum_{i \in I_{k-1}} \beta_i w \left(\sum_{\nu=0}^{\infty} (b_i w)^\nu\right) \\ &= \sum_{i \in I_k} \alpha_i \left(\sum_{\nu=0}^{\infty} a_i^\nu w^{\nu+1}\right) + \sum_{i \in I_{k-1}} \beta_i \left(\sum_{\nu=0}^{\infty} b_i^\nu w^{\nu+1}\right). \end{aligned}$$

Die Gauß-Abbildung hat also unabhängig von der Wahl zulässiger Parameter stets eine Nullstelle,

falls k ungerade, oder eine Polstelle, falls k gerade, von mindestens einfacher Ordnung in ∞_k.
Es gilt weiter

$$g_k'(\infty_k) := \left.\frac{d}{dw}\right|_{w=0} g_k\left(\tfrac{1}{w}\right) = \sum_{i\in I_k} \alpha_i + \sum_{i\in I_{k-1}} \beta_i, \tag{4.3.10}$$

$$g_k''(\infty_k) := \left.\frac{d^2}{dw^2}\right|_{w=0} g_k\left(\tfrac{1}{w}\right) = 2\left(\sum_{i\in I_k} \alpha_i a_i + \sum_{i\in I_{k-1}} \beta_i b_i\right). \tag{4.3.11}$$

Mit Hilfe von (4.3.10), (4.3.11) klären wir in Abschnitt 4.4, wann in ∞_k ein planares Ende der Ordnung 2 vorliegt.

Schritt 2: *Bestimmung des Limes der 1-Form dh für $t \to 0$.*

Traizet zeigt die folgende

Proposition 4.3.3 ([Tr]). *Es seien alle übrigen Parameter fixiert und $k \in \{1,...,N-1\}$. Dann konvergiert $dh := dh_X$ gleichmäßig auf kompakten Teilmengen von Ω_k gegen*

$$dh_{t=0} = \sum_{i\in I_k} \frac{-r_i}{z-a_i} dz + \sum_{i\in I_{k-1}} \frac{r_i}{z-b_i} dz.$$

Bemerkung 4.3.4. Der Beweis (insbesondere der Tatsache, dass dh analytisch von t abhängt,) wird dadurch ermöglicht, dass die Konstruktion von Σ auf dem Prinzip des sog. „Pinching von Kreisen zu Null“ (siehe [Fa, § 3]) basiert.
Tatsächlich kann dieses Verfahren analog für komplexe Parameter t durchgeführt werden. Dann hängt dh holomorph von t ab.
Proposition 4.3.3 ist für die weitere Beweisführung grundlegend, da sie konkrete Berechnungen von Null- und Polstellen und Perioden im singulären Fall $t = 0$ ermöglicht.

Schritt 3: *Die Nullstellen-Polstellen-Bedingung.*

Proposition 4.3.4 ([Tr]). *Für (t,a,b,r,R) in einer kleinen Umgebung von $(0,a^0,b^0,r^0,R^0)$ gibt es analytische Funktionen $(t,a,b,r,R) \mapsto \alpha(t,a,b,r,R)$, $(t,a,b,r,R) \mapsto \beta(t,a,b,r,R)$, so dass für $X = (t,a,b,\alpha(t,a,b,r,R),\beta(t,a,b,r,R),r,R)$ gilt:*
Die Abbildung $g = g_X$ und die 1-Form $dh = dh_X$ erfüllen die Nullstellen-Pol-stellen-Bedingung.
In $t = 0$ gilt weiter $\alpha_i(0,a,b,r,R) = -r_i$ und $\beta_i(0,a,b,r,R) = r_i$.

Beweis. Da die 1-Form dz einen doppelten Pol in ∞ besitzt, ist die Nullstellen-Polstellen-Bedingung zusammen mit ihrer Erweiterung auf $\hat{\Sigma}$ gemäß Lemma 2.3.2 äquivalent dazu, dass die Nullstellen von $\frac{dh}{dz}$ genau mit den Nullstellen und Polen von g zusammenfallen. Aufgrund eines Abbildungsgrad-Arguments reicht es zu zeigen, dass g in jeder Nullstelle von $\frac{dh}{dz}$ eine Null- oder Polstelle mindestens gleicher Ordnung hat.
Mit Hilfe des Weierstraßschen Vorbereitungssatzes [GH, S. 8] aus der komplexen Analysis mehrerer Veränderlicher kann letztgenannte Bedingung in der Form $\mathcal{F}(X) = 0$ mit $\mathcal{F}$ analytisch nahe X^0 geschrieben werden.

Nun zeigt man $\mathcal{F}(X^0) = 0$.
Da die Nullstellen von dh_X nicht von α, β abhängen und g linear in diesen Parametern ist, kann nach einer sinnvollen Normalisierung[5] von je $N-1$ Variablen α_i bzw. β_i die für den Satz über implizite Funktionen erforderliche Rang-Voraussetzung direkt nachgerechnet werden.
Tatsächlich liefern der Vorbereitungssatz und Proposition 4.3.3 sogar, dass die zu betrachtende Funktion $\mathcal{F}$ holomorph ist, wenn man t, r und R als komplexwertig ansieht, so dass die Version des Satzes über implizite Funktionen für holomorphe Funktionen mehrerer Veränderlicher anwendbar ist. □

Bemerkung: Aus der Gültigkeit der erweiterten Nullstellen-Polstellen-Beding-ung folgt die Vollständigkeit der zu konstruierenden Flächen.

Es sei $\{\gamma_i, \Gamma_i\}_{i \in J}$ die oben gewählte kanonische Homologiebasis. Es genügt natürlich, das Periodenproblem für Kurven aus dieser Basis zu lösen.

Schritt 4: ***Lösung des Periodenproblems für*** dh ***entlang den*** Γ_i, $i \in J$.

Proposition 4.3.5 ([Tr]). *Es seien die Parameter* α *und* β *gemäß Schritt* 3 *als analytische Funktionen der übrigen Parameter gewählt.*
Dann gibt es eine in der Nähe des Punktes $(0, a^0, b^0, R^0)$ *definierte glatte Funktion* $(t, a, b, R) \mapsto r = (r_i)_{i \in J}(t, a, b, R)$, *so dass in* $X = (t, a, b, \alpha, \beta, r(t, a, b, R), R)$, *wobei* $\alpha = \alpha(t, a, b, r(t, a, b, R), R)$, $\beta = \beta(t, a, b, r(t, a, b, R), R)$, *für die zugehörige 1-Form* $dh = dh_X$ *gilt:*

$$\Re \int_{\Gamma_i} dh = 0 \ \forall i \in J.$$

In $t = 0$ *gilt weiter* $r_i(0, a, b, R) = c_{l(i)} = c_{l(i)}((R_1, \ldots, R_{N-1}))$ *mit*

$$c = (c_1, \ldots, c_{N-1}) : \mathbb{R}^{N-1} \to \mathbb{R}^{N-1},$$

$$\begin{pmatrix} R_1 \\ R_2 \\ \cdot \\ \cdot \\ R_{N-1} \end{pmatrix} \mapsto - \begin{pmatrix} \frac{1}{n_1} & 0 & 0 & \ldots & 0 \\ \frac{1}{n_2} & \frac{1}{n_2} & 0 & \ldots & 0 \\ \ldots & \ldots & \ldots & 0 & 0 \\ \ldots & \ldots & \ldots & \ldots & 0 \\ \frac{1}{n_{N-1}} & \frac{1}{n_{N-1}} & \ldots & \ldots & \frac{1}{n_{N-1}} \end{pmatrix} \begin{pmatrix} R_1 \\ R_2 \\ \cdot \\ \cdot \\ R_{N-1} \end{pmatrix}. \qquad (4.3.12)$$

Beweis. Das Beweisprinzip ist ähnlich wie bei Proposition 4.3.4: Man schreibe die Periodenbedingung in der Form $\mathcal{F}(X) = 0$ mit $\mathcal{F}$ analytisch nahe X^0, zeige wieder $\mathcal{F}(X^0) = 0$ und löse mit Hilfe des Satzes über implizite Funktionen nach $r = (r_i)_{i \in J}$ auf.
Um die Funktion $\mathcal{F}$ zu definieren, sind die Integrale $\int_{\Gamma_i} dh$ zu berechnen.
Es gilt:

Lemma 4.3.6 ([Tr]). *Sei* $k \in \{1, \ldots, N-1\}$ *und* $i \in I_k$ *so, dass* $i > i_0 = \min I_k$.
Dann gilt

$$\int_{\Gamma_i} dh = 2(r_i - r_{i_0}) \log(t) + f.$$

[5] vgl. Bemerkung 4.3.2

Hier steht f für eine beschränkte, analytische Funktion, definiert auf einer Umgebung von X^0.

Der Beweis von Lemma 4.3.6 erfolgt durch Berechnung der Integrale der 1-Form dh entlang der Wege[6] $W_1^i, W_2^i, W_3^i, W_4^i$, aus denen sich Γ_i für $i \in J$ zusammensetzt.
Da W_1^i und W_3^i ganz in Ω enthalten sind und dh dort analytische Funktion von (z, X) ist, ist $\int_{W_l^i} dh$ analytisch in X für $l = 1, 3$.
Zur Berechnung des Integrals entlang W_4^i schreibe man dh auf dem Kreisring-Gebiet $\left\{\frac{t^2}{\varepsilon} < |v_i| < \varepsilon\right\}$ als Laurent-Reihe in v_i-Koordinaten:

$$dh = \sum_{\nu \in \mathbb{Z}} x_\nu v_i^\nu dv_i.$$

Die Koeffizienten $\{x_\nu\}_{\nu \in \mathbb{Z}}$ hängen von allen Parametern ab und sind gegeben durch

$$x_\nu = \frac{1}{2\pi \mathbf{i}} \int_{|v_i| = \varepsilon} \frac{dh}{v_i^{\nu+1}} = \frac{1}{2\pi \mathbf{i}} \int_{|v_i| = \frac{t^2}{\varepsilon}} \frac{dh}{v_i^{\nu+1}}.$$

Da parameterunabhängig $\{|v_i| = \varepsilon\} \subset \Omega$ gilt, folgt aus der ersten Identität, dass x_ν für $\nu \in \mathbb{Z}$ analytisch von allen Parametern abhängt.
Da auch $\{|w_i| = \varepsilon\} \subset \Omega$ ist, gibt es eine parameterunabhängige Konstante $\tilde{C}$, so dass

$$\begin{aligned} \int_{|v_i| = \varepsilon} |dh| &\leq 2\pi\tilde{C} \text{ und} \\ \int_{|v_i| = \frac{t^2}{\varepsilon}} |dh| &= \int_{|w_i| = \varepsilon} |dh| \leq 2\pi\tilde{C} \end{aligned}$$

gilt. Für alle $\nu \in \mathbb{Z}$ folgt

$$|x_\nu| \leq \tilde{C} \cdot \left(\frac{1}{\varepsilon}\right)^{\nu+1}, \quad |x_\nu| \leq \tilde{C} \cdot \left(\frac{\varepsilon}{t^2}\right)^{\nu+1}. \tag{4.3.13}$$

Diese Abschätzungen werden noch mehrfach Anwendung finden.
Es ist

$$\int_{W_4^i} dh = \int_{w_i^{-1}(\frac{\varepsilon}{2})}^{v_i^{-1}(\frac{\varepsilon}{2})} dh = \int_{v_i^{-1}(\frac{2t^2}{\varepsilon})}^{v_i^{-1}(\frac{\varepsilon}{2})} dh = \int_{\frac{t^2}{\varepsilon}}^{\frac{\varepsilon}{2}} \sum_{\nu \in \mathbb{Z}} x_\nu v_i^\nu dv_i.$$

Fasst man t als komplex auf (vgl. Bemerkung 4.3.4), so ist wegen der Abschätzungen (4.3.13) der Riemannsche Hebbarkeitssatz [GH, S. 9] für holomorphe Funktionen mehrerer komplexer Veränderlicher auf

$$\int_{\frac{t^2}{\varepsilon}}^{\frac{\varepsilon}{2}} \sum_{\nu \in \mathbb{Z} \setminus \{-1\}} x_\nu v_i^\nu dv_i$$

anwendbar. Da nach (4.3.7) gilt $x_{-1} = -r_i$, folgt

$$\int_{W_4^i} dh = -r_i \left(\log\left(\frac{\varepsilon}{2}\right) - \log\left(\frac{2t^2}{\varepsilon}\right) \right) + \text{„analytisch“}.$$

[6] siehe Schritt 1

Entsprechende Betrachtungen für das Integral entlang W_2^i liefern die Behauptung von Lemma 4.3.6.
Nun wird $\mathcal{F}$ komponentenweise definiert durch

$$\mathcal{F}_i(t,a,b,r,R) := \frac{1}{\log(t)}\Re\left(\int_{\Gamma_i} dh\right) \forall i \in J.$$

Um eine in $t=0$ differenzierbare Funktion zu erhalten, ist die Umparametrisierung $t = \exp(-\frac{1}{\tau^2})$ vorzunehmen. Dann ist $t = 0 \Leftrightarrow \tau = 0$, und t glatt abhängig von τ, jedoch nicht reell analytisch; folglich garantiert der Satz über implizite Funktionen lediglich glatte Lösungsfunktionen.
Die Rangvoraussetzung an das Differential von $(\mathcal{F}_i)_{i\in J}$ bzgl. der Variablen $(r_i)_{i\in J}$ in X^0 ist aufgrund der Formel aus Lemma 4.3.6 leicht nachzuprüfen.
Die zweite Behauptung der Proposition ist äquivalent zur induktiven Beziehung

$$n_k c_k - n_{k-1}c_{k-1} = R_k,\ \ k \in \{1,...,N-1\},\ \ c_0 := 0$$

und folgt aus dem Lemma und dem Residuensatz. □

Schritt 5: *Lösung des horizontalen Periodenproblems für* $\Gamma_i, i \in J$.
Für eine geschlossene Kurve c sei

$$P_{g,dh}(c) := \left(\overline{\int_c \frac{1}{g}dh} - \int_c g dh\right)$$

die *horizontale Periode entlang* c. (vgl. Bemerkung 2.2.1 (iv).)

Proposition 4.3.7 ([Tr]). *Es seien* α, β *und* r *als Funktionen der übrigen Parameter gemäß der Schritte* 3 *und* 4 *festgelegt.*
Für (t,a,R) *nahe* $(0,a^0,R^0)$ *existiert eine glatte Funktion*
$(t,a,R) \mapsto b = (b_1,...,b_n)(t,a,R)$*, so dass in* $X = (t,a,b(t,a,R),\alpha,\beta,r,R)$ *für* $g = g_X$ *und* $dh = dh_X$ *gilt:*

$$P_{g,dh}(\Gamma_i) = 0\ \ \forall i \in J.$$

In $t = 0$ *gilt für* (a,R) *fix:* $b_i(0,a,R) = -\overline{a_i}$.

Beweis. Man berechnet zunächst näherungsweise $P_{g,dh}(\Gamma_i)$:

Lemma 4.3.8 ([Tr]). *Es sei* $k \in \{1,...,N-1\}$ *und* $i \in I_k$ *mit* $i > i_0$.
Dann gilt

$$\frac{1}{t}(b_{i_0} - b_i + \overline{a_{i_0}} - \overline{a_i}) + t\log(t)f + \tilde{f} = \begin{cases} P_{g,dh}(\Gamma_i), & k \text{ ungerade} \\ -\overline{P_{g,dh}(\Gamma_i)}, & k \text{ gerade} \end{cases},$$

wobei f *und* $\tilde{f}$ *wieder Platzhalter für beschränkte analytische Funktionen, definiert in der Nähe von* X^0*, sind.*

Das Lemma wird mit ähnlichen Methoden und Argumenten, wie sie im Beweis von Lemma 4.3.6 verwendet wurden, nachgerechnet.

Für $i \in J$ ist Γ_i homolog zur Summe zweier Wege $\widetilde{V}^i$ von $v_i^{-1}(t)$ nach $v_{i_0}^{-1}(t) = w_{i_0}^{-1}(t)$ und $\widetilde{W}^i$ von $w_{i_0}^{-1}(t)$ nach $w_i^{-1}(t) = v_i^{-1}(t)$.
Die Integrale über die Teilstücke von $v_i^{-1}(\frac{\varepsilon}{2})$ nach $v_{i_0}^{-1}(\frac{\varepsilon}{2})$ bzw. von $w_{i_0}^{-1}(\frac{\varepsilon}{2})$ nach $w_i^{-1}(\frac{\varepsilon}{2})$ sind analytische Funktionen.
Mit Hilfe einer lokalen Laurent-Reihendarstellung von dh in v_i- bzw. w_i- Koordinaten und einem Hebbarkeitsargument aufgrund der Ungleichungen (4.3.13) werden die Integrale

$$\overline{\int_{v_i^{-1}(t)}^{v_i^{-1}(\frac{\varepsilon}{2})} \frac{dh}{g}} - \int_{v_i^{-1}(t)}^{v_i^{-1}(\frac{\varepsilon}{2})} g dh, \quad \overline{\int_{w_i^{-1}(t)}^{w_i^{-1}(\frac{\varepsilon}{2})} \frac{dh}{g}} - \int_{w_i^{-1}(t)}^{w_i^{-1}(\frac{\varepsilon}{2})} g dh$$

ähnlich wie in der Beweisskizze zu Lemma 4.3.6 abgeschätzt, was schließlich die Behauptung ergibt.
Setze nun $\mathcal{F}_i(\tau, a, b, R) := tP(\Gamma_i)$ mit $t = \exp(-\frac{1}{\tau^2})$ und weiter $\mathcal{F} := (\mathcal{F}_i)_{i \in J}$.
Dann ist nach Lemma 4.3.8 $\mathcal{F}_i(0, a^0, b^0, R^0) = 0$, und nach dem Satz über implizite Funktionen kann die Gleichung $\mathcal{F}_i(\tau, a, b, R) = 0$ glatt nach b aufgelöst werden.
Die erforderliche Rangbedingung hierfür ist wieder mit Hilfe der Formel aus dem Lemma direkt verifizierbar. □

Bis jetzt wurden weder die Kräftefreiheit, die Nicht-Degeneriertheit noch die Forderung, dass das Differential von $c \mapsto W(c)$ in c^0 vollen Rang habe, benutzt.
All diese Voraussetzungen gehen nur im folgenden, letzten Schritt ein, den wir in einigem Detail nachzeichnen, um zu zeigen, welche Parameter am Ende der Konstruktion genau frei wählbar sind. Diese Information ist für den Existenzsatz von Minimalflächen mit planaren Enden kleinster Ordnung wesentlich.

Schritt 6: ***Lösung des horizontalen Periodenproblems entlang den γ_i.***
Für $k \in \{1, .., N\}$ sei φ_k eine Kurve in der Homologieklasse der Punktierung ∞_k. Die verbleibenden Parameter sind nun so zu justieren, dass

$$\begin{aligned} P_{g,dh}(\gamma_i) &= 0 \quad \forall i \in J, \\ P_{g,dh}(\varphi_k) &= 0 \quad \forall k \in \{1, ..., N\}. \end{aligned}$$

Da $(\sum_{i \in I_k \cap J} \gamma_i) + \varphi_k$ homolog zu γ_{i_0} ist, sind diese Bedingungen äquivalent zu

$$P_{g,dh}(\gamma_i) = 0 \quad \forall i \in I.^7$$

[7] Wir erinnern daran, dass γ_i auch für $i \notin J$ definiert wurde, siehe Bemerkung 4.3.1(ii).

Bis jetzt sind folgende Parameter als Funktionen von (t,a,R) nahe $(0,a^0,R^0)$ festgelegt:

$$\begin{aligned}
\alpha = &\ \alpha(t,a,b,r,R) &= \alpha(t,a,b(t,a,R),r(t,a,b(t,a,R),R),R)\\
\beta = &\ \beta(t,a,b,r,R) &= \beta(t,a,b(t,a,R),r(t,a,b(t,a,R),R),R)\\
r = &\ r(t,a,b,R) &= r(t,a,b(t,a,R),R)\\
b = &\ b(t,a,R) &
\end{aligned}$$

Der Vektor $(R_1,...,R_N)$ aller Residuen von dh mit umgekehrtem Vorzeichen, siehe (4.3.8), unterliegt nach Bemerkung 2.3.2 der Einschränkung $\sum_k R_k = 0$. Wir betrachten daher als Parameter $R = (R_1,...,R_{N-1}) \in \mathbb{R}^{N-1}$ und setzen $R_N = -\sum_{k=1}^{N-1} R_k$.
Nach Voraussetzung gilt $\frac{\partial}{\partial c_{\tilde{k}}}(W(c^0)) \neq 0$ für mindestens einen Index $\tilde{k}$. Da die Abbildung c aus (4.3.12) ein Isomorphismus ist, gilt $\frac{\partial}{\partial R_{\hat{k}}}(W \circ c)(R^0) \neq 0$ für mindestens einen Index $\hat{k}$. Es sei $\hat{k} \in \{1,...,N-1\}$ so gewählt.

Proposition 4.3.9 ([Tr]). *Es seien $(t,a,R) \mapsto \alpha$, $(t,a,R) \mapsto \beta$, $(t,a,R) \mapsto b$, $(t,a,R) \mapsto r$ die obigen Funktionen und $t = \exp(-\frac{1}{\tau^2})$ für τ in einer Umgebung von 0.*
Setze $\hat{R} := (R_1,...,R_{\hat{k}-1},R_{\hat{k}+1},...,R_{N-1})$.
Dann gibt es auf kleinen Umgebungen von $(0,(R_1^0,...,R_{\hat{k}-1}^0,R_{\hat{k}+1}^0,...,R_{N-1}^0))$ definierte glatte Funktionen $(\tau,\hat{R}) \mapsto R_{\hat{k}}(\tau,\hat{R})$ und $(\tau,\hat{R}) \mapsto a(\tau,\hat{R}) = a(\tau,(R_1,...,R_{\hat{k}-1},R_{\hat{k}}(\tau,\hat{R}),R_{\hat{k}+1},...,R_{N-1}))$, so dass in $X = (\tau,a,b,\alpha,\beta,r,(R_1,...,R_{\hat{k}-1},R_{\hat{k}}(\tau,\hat{R}),R_{\hat{k}+1},...,R_{N-1},-\sum_{k=1}^{N-1} R_k))$ für die zugehörigen Weierstraßdaten $g = g_X$, $dh = dh_X$ gilt:

$$P_{g,dh}(\gamma_i) = 0 \quad \forall i \in I.$$

Beweis. Zunächst werden die γ_i-Perioden in $\tau = 0$ berechnet:

Lemma 4.3.10 ([Tr]). *Unter den Voraussetzungen der Proposition betrachte $k \in \{1,...,N-1\}$ und $i \in I_k$. Für $\tau \neq 0$ setze*

$$\mathcal{F}_i(\tau,a,R) := e^{\frac{1}{\tau^2}} P_{g,dh}(\gamma_i) = \frac{1}{t} P_{g,dh}(\gamma_i).$$

Dann lässt sich $\mathcal{F}_i$ glatt in $\tau = 0$ fortsetzen. Weiter gilt

$$\mathcal{F}_i(0,a,R) = 4\pi\mathbf{i}(-1)^{k+1}\left(\sum_{j\in I_k, j\neq i}\frac{2c_k^2}{\overline{p_i}-\overline{p_j}} - \sum_{j\in I_{k-1}}\frac{c_k c_{k-1}}{\overline{p_i}-\overline{p_j}} - \sum_{j\in I_{k+1}}\frac{c_k c_{k+1}}{\overline{p_i}-\overline{p_j}}\right).^{8}$$

Hierbei ist $c_k = c_k(R)$ gemäß (4.3.12) zu verstehen und p_i ist Funktion von a_i, definiert durch

$$a_i \mapsto p_i(a_i) = \begin{cases} \overline{a_i}, & i \in I_k,\ k \text{ ungerade} \\ -a_i, & i \in I_k,\ k \text{ gerade} \end{cases}.$$

[8] Hier wird i als Index und $\mathbf{i}$ als komplexe Einheit verwendet.

Beweis. Für k etwa ungerade und $i \in I_k$ ist

$$\frac{1}{t}\int_{\gamma_i} g dh = -\int_{|z-a_i|=\varepsilon} g_k dh \text{ und } \frac{1}{t}\int_{\gamma_i} \frac{dh}{g} = \int_{|z-b_i|=\varepsilon} g_{k+1} dh.$$

In $\tau = 0 \Leftrightarrow t = 0$ gilt nach den Propositionen 4.3.4 und 4.3.5 $\alpha_i = -r_i = -c_k$, $\beta_i = r_i = c_k$ und damit $dh^{\tau=0} = dh = g_k dz = g_k^{\tau=0} dz$.
Daher sind die rechten Seiten der beiden obigen Gleichungen bis auf den Faktor $2\pi\mathbf{i}$ gleich den Residuen $\text{res}_{a_i}(g_k^2)$, $i \in I_k$ und $\text{res}_{b_i}(g_{k+1}^2)$, $i \in I_k$. Berechnung dieser Residuen führt insgesamt auf die behauptete Gleichung für $\mathcal{F}_i(0,a,R)$. □

Bemerkung 4.3.5. Es gilt damit

$$\mathcal{F}_i(0,a,R) = 4\pi\mathbf{i}(-1)^{k+1}\overline{F_i(c(R),p(a))}. \tag{4.3.14}$$

Bis auf einen Vorfaktor und komplexe Konjugation ergeben sich als γ_i - Perioden im singulären Punkt $t = 0$ daher gerade die in Definition 4.2.2 eingeführten Kräfte F_i.

Wir wollen wieder den Satz über implizite Funktionen anwenden:
Da $p(a^0) = p^0$ und $c(R^0) = c^0$ und die vorgegebene Konfiguration kräftefrei ist, gilt $F_i(c^0, p^0) = 0$ und folglich

$$\mathcal{F}(0,a^0,R^0) = (\mathcal{F}_i(0,a^0,R^0))_{i\in I} = 0. \tag{4.3.15}$$

Setze $A := \left(\frac{\partial F_i}{\partial p_j}(p^0)\right)_{1\le i,j\le n}$.
Man rechnet leicht nach, dass A symmetrisch ist.
Nach (4.2.3) gilt $A\cdot\mathbf{1} = 0 = A\cdot p^0$ und wegen der vorausgesetzten Nicht-Degeneriertheit ist $\text{Rang}(A) = n-2$, siehe Definition 4.2.2 (iii).
Sei $k \in \{1,...,N-1\}$ so, dass $|I_k| \ge 2$.
Man kann aufgrund obiger Eigenschaften von A zeigen, dass für alle $i_1, i_2 \in I_k$ der Rang der Matrix, die aus A durch Streichen der Zeilen i_1 und i_2 und der Spalten i_1 und i_2 entsteht, maximal ist.[Tr, Remark 6, S. 146]
Bemerkung: Falls $n_k = 1$ für alle $k \in \{1,...,N-1\}$, gibt es für $|I| > 1$ keine kräftefreie Konfiguration. Schon die notwendige Bedingung $W(c) = 0$ (siehe (4.2.2)) kann dann nicht erfüllt werden.
Unser Korollar 4.5.3 schließt später sogar die Existenz nur eines Indexes $k \in \{1,...,N-1\}$ mit $n_k = 1 = n_{k+1}$ für zulässige Konfigurationen aus.
Seien also $\min I_k =: i_1 < i_2 \in I_k$ für ein geeignetes $k \in \{1,...,N-1\}$.
Wir normalisieren die Parameter durch die Festlegungen

$$a_{i_1} \equiv a_{i_1}^0, \quad a_{i_2} \equiv a_{i_2}^0.$$

Schreibe nun $a_{\setminus\{i_1,i_2\}} := (a_1,...,\widehat{a_{i_1}},...,\widehat{a_{i_2}},...,a_n)$ und
$\theta(a_{\setminus\{i_1,i_2\}}) := (a_1,...,a_{i_1-1},a_{i_1}^0,a_{i_1+1},...,a_{i_2-1},a_{i_2}^0,a_{i_2+1},...,a_n)$.
Setze

$$\Theta : \mathbb{C}^{n-2} \to \mathbb{C}^{n-2}, \quad a_{\setminus\{i_1,i_2\}} \mapsto \left(\mathcal{F}_j(0,\theta(a_{\setminus\{i_1,i_2\}}),R^0)\right)_{j\neq i_1,i_2}.$$

Dann ist $D\Theta(p^0_{\setminus\{i_1,i_2\}})$ nach (4.3.14) und der Wahl von i_1, i_2 ein $\mathbb{R}$-linearer[9] Isomorphismus. Damit ist wegen (4.3.15) der Satz über implizite Funktionen anwendbar. Dieser sichert die Existenz einer glatten Funktion
$(\tau, R) \mapsto (a_j(\tau, R))_{j \neq i_1, i_2}$ für (τ, R) nahe $(0, R^0)$, so dass

$$\mathcal{F}_i(\tau, a(\tau, R), R) = 0 \quad \forall i \in I \setminus \{i_1, i_2\} \tag{4.3.16}$$

gilt, wobei wir $a(\tau, R) := \theta((a_j(\tau, R))_{j \neq i_1, i_2})$ setzen.

Um das Periodenproblem vollständig zu lösen, ist noch zu zeigen, dass für geeignete Parameter (τ, R) auch $P_{g,dh}(\gamma_{i_1}) = 0 = P_{g,dh}(\gamma_{i_2})$ oder äquivalent

$$\mathcal{F}_{i_1}(\tau, a(\tau, R), R) = 0 = \mathcal{F}_{i_2}(\tau, a(\tau, R), R)$$

gilt. Dazu wird die Voraussetzung an den Rang des Differentials der (reellen!) Abbildung $R \mapsto W(c(R))$ und folgendes technisches Lemma benötigt. Mit dem Satz über implizite Funktionen kann dann ein Parameter R_k als Funktion von τ und den übrigen logarithmischen Wachstumsraten so festgelegt werden, dass die verbleibenden Perioden verschwinden.
Schließlich sind noch $N-2$ Parameter frei wählbar.

Lemma 4.3.11 ([Tr]). *Es seien alle Parameter als Funktionen von (τ, R) nahe $(0, R^0)$ gemäß der bisherigen Schritte festgelegt und $\{g, dh\}$ die zu diesen Parametern gehörigen Weierstraß-Daten. Dann gilt*

$$\begin{aligned} &\textit{(i)} \quad P_{g,dh}(\gamma_{i_1}) + P_{g,dh}(\gamma_{i_2}) &&= 0, \\ &\textit{(ii)} \quad \Re\left(P_{g,dh}(\gamma_{i_2}) \int_{\Gamma_{i_2}} \tfrac{1}{g} dh\right) &&= 0. \end{aligned}$$

Beweis. (i) folgt aus dem Residuensatz.
(ii) folgt mit Hilfe von *Riemanns bilinearer Relation* [GH, S. 241] aus der klassischen komplexen Analysis kompakter Riemannscher Flächen. □

Wir erinnern daran, dass der Parameter R als Vektor $R = (R_1, ..., R_{N-1}) \in \mathbb{R}^{N-1}$ zu verstehen ist. Sei nun

$$\begin{aligned} \mathcal{G} : (\tau, R) &\mapsto \Im\left(\sum_{k=1}^{N-1} \sum_{i \in I_k} (-1)^{k+1} \overline{p_i(a(\tau, R))} \mathcal{F}_i(\tau, a(\tau, R), R)\right) \\ &=: \Im\left(\sum_{k=1}^{N-1} \sum_{i \in I_k} (-1)^{k+1} \overline{p_i(\tau, R)} \mathcal{F}_i(\tau, R)\right). \end{aligned}$$

[9] lediglich $\mathbb{R}$-linear wegen komplexer Konjugation in (4.3.14)

Dann ist $\mathcal{G}$ differenzierbar und es gilt

$$
\begin{aligned}
\mathcal{G}(0,R) &= \Im\left(\sum_{k=1}^{N-1}\sum_{i\in I_k}(-1)^{k+1}\overline{p_i(0,R)}\mathcal{F}_i(0,R)\right)\\
&\overset{(4.3.14)}{=} \Im\left(\sum_{k=1}^{N-1}\sum_{i\in I_k}4\pi\mathbf{i}(-1)^{2k+2}\overline{p_i(0,R)F_i(c(R),p(0,R))}\right)\\
&= \Im\left(4\pi\mathbf{i}\sum_{i\in I}\overline{p_i(0,R)F_i(c(R),p(0,R))}\right)\\
&\overset{(4.2.2)}{=} 4\pi W(c(R)).
\end{aligned}
$$

Wir werden die Gleichung $\mathcal{G}(\tau,R)=0$ nach einer Variablen $R_{\hat{k}}$ auflösen und die Beziehung zu den verbleibenden Perioden aufzeigen.
Es sei dazu der Index $\hat{k}$ wie vor Proposition 4.3.9 gewählt.
Es gilt wegen Kräftefreiheit

$$\mathcal{G}(0,R^0)=4\pi W(c(R^0))=4\pi W(c^0)=0$$

und für $\tilde{\mathcal{G}}$, definiert durch $\tilde{\mathcal{G}}(R):=\mathcal{G}(0,R)$, ist $\frac{\partial}{\partial R_{\hat{k}}}\tilde{\mathcal{G}}(R^0)\neq 0$.
Wegen Stetigkeit ist damit für τ nahe 0 auch $\frac{\partial}{\partial R_{\hat{k}}}\mathcal{G}(\tau,R^0)\neq 0$.
Nach dem Satz über implizite Funktionen existiert nun eine Umgebung $U\subset\mathbb{R}\times\mathbb{R}^{N-2}$ des Punktes $(0,R_1^0,\dots,R_{\hat{k}-1}^0,R_{\hat{k}+1}^0,\dots,R_{N-1}^0)$ und eine glatte Funktion $R_{\hat{k}}:U\to\mathbb{R}$, so dass

$$\mathcal{G}(\tau,R_1,\dots,R_{\hat{k}}(\tau,R_1,\dots,\widehat{R_{\hat{k}}},\dots,R_{N-1}),\dots,R_{N-1})=0$$

für alle $(\tau,R_1,\dots,\widehat{R_{\hat{k}}},\dots,R_{N-1})=:(\tau,\rho)\in U$.
Nach Normalisierung sind $p_{i_1}=p_{i_1}(a_{i_1}^0),p_{i_2}=p_{i_2}(a_{i_2}^0)$ konstant festgelegt. Da nach (4.3.16) für alle $i\notin\{i_1,i_2\}$ bereits

$$\mathcal{F}_i(\tau,\rho):=\mathcal{F}_i(\tau,R_1,\dots,R_{\hat{k}}(\tau,\rho),\dots,R_{N-1})=0$$

ist, gilt

$$
\begin{aligned}
0 &= \mathcal{G}(\tau,R_1,\dots,R_{\hat{k}}(\tau,\rho),\dots,R_{N-1})\\
&= (-1)^{\hat{k}+1}\Im\left(\overline{p_{i_1}}\mathcal{F}_{i_1}(\tau,\rho)+\overline{p_{i_2}}\mathcal{F}_{i_2}(\tau,\rho)\right)\\
&= (-1)^{\hat{k}+1}\Im\left(\overline{p_{i_1}}\cdot\frac{1}{t}P_{g,dh}(\gamma_{i_1})+\overline{p_{i_2}}\cdot\frac{1}{t}P_{g,dh}(\gamma_{i_2})\right)\\
&\overset{\text{Lem. 4.3.11}(i)}{=} (-1)^{\hat{k}+1}\Im\left((\overline{p_{i_2}}-\overline{p_{i_1}})\cdot\frac{1}{t}P_{g,dh}(\gamma_{i_2})\right)\\
&= (-1)^{\hat{k}+1}\Im\left((\overline{p_{i_2}}-\overline{p_{i_1}})\mathcal{F}_{i_2}(\tau,\rho)\right).
\end{aligned}
$$

Nach Lemma 4.3.11(ii) gilt

$$0 = \Re\left(P_{g,dh}(\gamma_{i_2}) \cdot \int_{\Gamma_{i_2}} \frac{dh}{g}\right) = \Re\left(t\mathcal{F}_{i_2}(\tau,\rho) \cdot \int_{\Gamma_{i_2}} \frac{dh}{g}\right).$$

Wie in Lemma 4.3.8 berechnet man für τ nahe 0

$$\int_{\Gamma_{i_2}} \frac{1}{g} dh = \frac{1}{t}(\overline{p_{i_2}} - \overline{p_{i_1}}) + \hat{f}$$

mit $\hat{f}$ beschränkt und stetig von den Parametern abhängig.
Es folgt insgesamt

$$\Re\big(((\overline{p_{i_2}} - \overline{p_{i_1}}) + t\hat{f}) \cdot \mathcal{F}_{i_2}(\tau,\rho)\big) = 0 = \Im\big((\overline{p_{i_2}} - \overline{p_{i_1}}) \cdot \mathcal{F}_{i_2}(\tau,\rho)\big).$$

Für t klein genug sieht man nun leicht $\mathcal{F}_{i_2}(\tau,\rho) = 0$ ein, und mit Lemma 4.3.11(i) folgt $\mathcal{F}_{i_1}(\tau,\rho) = 0$. Damit ist das Periodenproblem auch entlang γ_{i_1} und γ_{i_2} gelöst, und die Skizze des Beweises von Satz 4.3.1 abgeschlossen. □

Bemerkung 4.3.6. (i) Nach Definition von dh gilt $\int_{\gamma_i} dh = 2\pi\mathbf{i}\, r_i$ für $i \in J$. Damit hat dh trivialerweise keine γ_i-Perioden.

(ii) Die durch Satz 4.3.1 konstruierbaren Familien von Minimalflächen hängen von den Parametern $(\tau, R_1, ..., \widehat{R_{\hat{k}}}, ..., R_{N-1})$ nahe
$(0, Q_1^0, ..., \widehat{Q_{\hat{k}}^0}, ..., Q_{N-1}^0) \in \mathbb{R} \times \mathbb{R}^{N-2}$ ab.
Nach Konstruktion ist R_k genau die logarithmische Wachstumsrate des Endes in ∞_k der zugehörigen Minimalfläche. Man kann also nahe $Q_1^0, ..., Q_N^0$ das logarithmische Wachstum der Enden vorschreiben, außer für die Enden in ∞_N und $\infty_{\hat{k}}$, wobei $\hat{k}$ der in Schritt 6 verwendete Index mit $\frac{\partial}{\partial k}(W \circ c)(Q_1^0, ..., Q_{N-1}^0) \neq 0$ ist. Dort ist das Wachstum durch die übrigen Parameter vorgegeben.

4.4 k-2-planare Konfigurationen

Wir zeigen nun, unter welchen Bedingungen Konfigurationen vermöge der Traizet-Konstruktion Familien von Minimalflächen mit planaren Enden kleinster Ordnung liefern.

Definition 4.4.1. Gegeben sei eine reguläre kräftefreie nicht-degenerierte eingebettete Konfiguration (N, I, p^0, c^0, l) und Q^0 definiert durch (4.3.1).
Es gebe weiter $k_0 \in \{2, ..., N-1\}$ derart, dass ein $\hat{k} \in \{1, ..., N-1\} \setminus \{k_0\}$ mit der Eigenschaft $\frac{\partial}{\partial \hat{k}}(W \circ c)(Q_1^0, ..., Q_{N-1}^0) \neq 0$ existiert und ferner die Gleichungen

$$0 = n_{k_0-1} c_{k_0-1}^0 - n_{k_0} c_{k_0}^0 \quad \text{und} \tag{4.4.1}$$

$$0 \neq c_{k_0-1}^0 \sum_{i \in I_{k_0-1}} p_i^0 - c_{k_0}^0 \sum_{i \in I_{k_0}} p_i^0 \tag{4.4.2}$$

gelten.
Dann heißt (N,I,p^0,c^0,l) eine k_0-2-*planare Konfiguration*.

Bemerkung 4.4.1. (i) *Existiert eine* k_0*-2-planare Konfiguration für einen Index* $k_0 \in \{2,...,N-1\}$*, so existiert nach Satz* 4.3.1 *eine Familie von eingebetteten Minimalflächen, deren Elemente je ein planares Ende der Ordnung* 2 *in der Punktierung* ∞_{k_0} *besitzen:*
Sei (N,I,p^0,c^0,l) eine k_0-2-*planare Konfiguration* und Q^0 definiert durch (4.3.1). Nach (4.3.10) und (4.3.11) und den letzten Aussagen der Propositionen 4.3.4 und 4.3.5 gilt für $g_{k_0}^{(t,R_1,...,R_N)} := g_{k_0}^t$ in $(t,R_1,...,R_N) = (0,Q_1^0,...,Q_N^0)$

$$g_{k_0}^{0\,\prime}(\infty_{k_0}) = n_{k_0-1}c_{k_0-1}^0 - n_{k_0}c_{k_0}^0 = Q_{k_0}^0 = 0, \tag{4.4.3}$$

$$g_{k_0}^{0\,\prime\prime}(\infty_{k_0}) = 2\Big(-c_{k_0}\sum_{i\in I_{k_0}}\overline{p_i^0} + c_{k_0-1}\sum_{i\in I_{k_0-1}}\overline{p_i^0}\Big) \neq 0. \tag{4.4.4}$$

Wegen Stetigkeit bleibt (4.4.4) auch für Parameter nahe der Startkonfiguration gültig.
Nach Bemerkung 4.3.6 (ii) sind die logarithmischen Wachstumsraten
$(R_1,...,R_N)$ der konstruierten Minimalflächen in der Nähe von
$(Q_1^0,...,Q_N^0)$ bis auf zwei Ausnahmen frei wählbar.
Nach Definition 4.4.1 ist garantiert, dass R_{k_0} in der Nähe von $Q_{k_0}^0 = 0$ frei wählbar ist. Wir dürfen also $R_{k_0} \equiv Q_{k_0}^0$ festhalten, so dass (4.4.3) gültig bleibt. Sind die übrigen Parameter nahe genug an der Ausgangskonfiguration gewählt, so hat nach Konstruktionsschritt 3 die zugehörige Gauß-Abbildung g eine Nullstelle bzw. eine Polstelle genau doppelter Ordnung in ∞_{k_0}, falls k_0 ungerade bzw. gerade ist. Insbesondere erhalten wir für $R_{k_0} \equiv 0$ eine $(N-3)$-Parameterfamilie von Flächen mit planarem Ende der Ordnung 2 in ∞_{k_0}, abhängig von t und den logarithmischen Wachstumsraten $R_1,...,R_{N-1}$, außer R_{k_0} und $R_{\hat{k}}$. Hierbei bezeichnet $\hat{k}$ den für die letzte Anwendung des Satzes über implizite Funktionen in Schritt 6 gewählten Index.

(ii) Da die äußeren beiden Enden einer eingebetteten Minimalfläche endlicher Totalkrümmung nach dem Halbraumsatz [HM3] vom Katenoid-Typ sein müssen, ist $k_0 = 1$ in Definition 4.4.1 ausgeschlossen.

4.5 Die Geometrie der Traizet-Flächen

In diesem Abschnitt stellen wir die Sätze zusammen, mit deren Hilfe die geometrischen Aussagen (i) und (ii) in Satz 4.3.1 gezeigt werden. Außerdem beweisen wir das Einbettungsresultat Korollar 4.3.2. Notationen sind hier wie in Abschnitt 4.3 zu verstehen, weiter bezeichnen wir mit 0_k den Nullpunkt in $\mathbb{C}_k$ und können nach einer Translation, falls nötig, $0_k \in \Omega_k$ für alle $k \in \{1,...,N\}$ annehmen.
Es sei (N,I,p^0,c^0,l) eine zulässige Konfiguration und

$$\begin{aligned} X^t =: X = (X_1 + \mathbf{i}X_2, X_3) : \Sigma &\to \mathbb{C}\times\mathbb{R} = \mathbb{R}^3, \\ z &\mapsto \left(\frac{1}{2}\left(\overline{\int_{0_1}^z \frac{1}{g}dh} - \int_{0_1}^z g\,dh\right), \Re\int_{0_1}^z dh\right) \end{aligned}$$

die Weierstraß-Darstellung der damit nach 4.3.1 konstruierten Flächen, abhängig von $t > 0$ und $(N-2)$ logarithmischen Wachstumsraten. Die Parameter c_k nahe c_k^0, $k \in \{1,...,N-1\}$ sind, wie im Anschluss an die Formulierung von Satz 4.3.1 erläutert, zu verstehen.

Satz 4.5.1. *Es sei* $T_i^t := T_i = (T_{i,1}, T_{i,2}, T_{i,3}) := \frac{1}{2}\left(X^t(v_i^{-1}(t)) + X^t(v_i^{-1}(-t))\right)$ *für* $i \in I$. *Setze weiter für* $k \in \{1,...,N\}$

$$G_k^t := \left(\bigcap_{i\in I_k}\{z \in \mathbb{C}_k | \ |v_i(z)| > t\} \cap \bigcap_{i\in I_{k-1}} \{z \in \mathbb{C}_k | \ |w_i(z)| > t\}\right) \subset \mathbb{C}_k.$$

(i) *Für* $k \in \{2,...,N\}$ *und* $t \to 0$ *gilt:*

$$(X_1^t + \mathbf{i}X_2^t)(0_k) = o\left(\frac{1}{t}\right), \tag{4.5.1}$$

$$X_3^t(0_k) = 2|\log(t)|(c_1 + ... + c_{k-1}) + o(\ln(t)). \tag{4.5.2}$$

Für jedes $i \in I_k$ *gilt*

$$(T_{i,1}^t + \mathbf{i}T_{i,2}^t) = \frac{p_i^0}{2t} + o\left(\frac{1}{t}\right), \tag{4.5.3}$$

$$T_{i,3}^t = \frac{1}{2}(X_3(0_k) + X_3(0_{k+1})) + o(\ln(t)). \tag{4.5.4}$$

Bis auf Skalierung mit dem Faktor $2t$ *ist damit* p_i^0 *die Limesposition des i. Halses für* $t \to 0$.

(ii) *Sei* $\delta > 1$. *Dann konvergiert für jedes* $i \in I_k$ *das Bild des Kreisrings* $\left\{z \in \mathbb{C}_k | \ \frac{t}{\delta} < |v_i(z)| < \delta t\right\}$ *unter* X^t, *verschoben um* $-T_i^t$, *für* $t \to 0$ *gegen ein Katenoid mit Halsradius* c_k *und Halsposition* 0, *geschnitten mit dem horizontalen Streifen* $\{|x_3| < c_k \ln(\delta)\}$.

(iii) *Das Bild* $X^t(G_k^t)$ *ist Graph über einem Gebiet in der horizontalen Ebene.*

(iv) (a) *Das Bild* $X^t(G_k^t)$ *hat beschränkten Abstand zum Graphen*

$$(x_1,x_2) \mapsto \begin{pmatrix} x_1 \\ x_2 \\ R_k \ln(2t\left\|(X_1^t,X_2^t)(x_1,x_2)\right\| + o(1)) + X_3^t(0_k) \end{pmatrix}.$$

(b) *Für alle* $\varepsilon > 0$ *hinreichend klein, alle* $\delta > 1$ *und alle* $t < \varepsilon^2 e = \varepsilon^2 \exp(1)$ *gilt: Für* $i \in I_k$ *ist das Bild* $A_{\delta t,\varepsilon}^{v_i} := X^t\left(\{z \in \mathbb{C}_k | \ \delta t < |v_i(z)| < \varepsilon\}\right)$ *enthalten im Zylinder mit vertikaler Achse durch* T_i^t *und Radius* $C \cdot \frac{\varepsilon}{t}$.
Hierbei ist C *eine Konstante, die nicht von* t *oder* ε *abhängt.*
Weiter gilt: Für alle $\Delta > 0$ *existiert* $\varepsilon > 0$, *so dass*

$$A_{\delta t,\varepsilon}^{v_i} \subset \left\{(x_1,x_2,x_3) \in \mathbb{R}^3; \ X_3^t(0_k) < x_3 < T_{i,3}^t - c_k \ln(\delta) + \Delta\right\}.$$

Für alle $\varepsilon > 0$ genügend klein, $\delta > 1$, $t < \varepsilon^2 e$ und $i \in I_{k-1}$ ist das Bild $A^{w_i}_{\delta t,\varepsilon} := X^t\Big(\{z \in \mathbb{C}_k|\ \delta t < |w_i(z)| < \varepsilon\}\Big)$ im selben Zylinder enthalten, und es gibt für alle $\Delta > 0$ ein $\varepsilon > 0$, so dass die vertikale Abschätzung

$$A^{w_i}_{\delta t,\varepsilon} \subset \big\{(x_1,x_2,x_3) \in \mathbb{R}^3;\ \ T^t_{i,3} + c_k \ln(\delta) - \Delta < x_3 < X^t_3(0_k)\big\}$$

gilt.[10]

Beweis. (i),(ii),(iii): [Tr, Proposition 15 (1),(2),(3)]
Wir geben den Beweis von (ii) auch innerhalb des Beweises von Korollar 4.5.2 wieder.

Aus (i), (ii) folgen die geometrischen Aussagen (i) und (ii) aus Satz 4.3.1.
(iv) ist in ähnlicher Form ebenfalls in Traizets Arbeit enthalten, dort allerdings nicht fehlerfrei formuliert und im Fall von Aussagenteil (iv)(b) ohne Beweis angegeben, weshalb wir den Beweis hier führen.
Es seien ε, Ω_k, Ω, wie in Schritt 1 der Beweisskizze zu Satz 4.3.1 eingeführt. Sei $i \in I_k$ und

$$dh = \sum_{\nu\in\mathbb{Z}} x_\nu v_i^\nu dv_i \tag{4.5.5}$$

die Laurent-Reihendarstellung von dh auf dem Kreisring $\{\frac{t^2}{\varepsilon} < |v_i| < \varepsilon\}$ in v_i-Koordinaten.
Nach (4.3.13) gilt mit einer parameterunabhängigen Konstanten $\tilde{C}$:

$$|x_\nu| \leq \tilde{C} \cdot \left(\frac{1}{\varepsilon}\right)^{\nu+1} \quad \text{für } \nu \geq 0 \text{ und } |x_{-\nu}| \leq \tilde{C} \cdot \left(\frac{t^2}{\varepsilon}\right)^{\nu-1} \quad \text{für } \nu \geq 1. \tag{4.5.6}$$

Zu (iv)(b): Zu zeigen ist:

(1) Für alle $0 < \varepsilon < \varepsilon$ klein genug, alle $\delta > 1$, alle $t < \varepsilon\varepsilon e$ und alle $\tilde{z} \in \{\delta t < |v_i| < \varepsilon\}$ gilt:

$$|(X_1 + \mathbf{i}X_2)(\tilde{z}) - (T_{i,1} + \mathbf{i}T_{i,2})| < C \cdot \frac{\varepsilon}{t}$$

mit einer Konstanten C unabhängig von t, ε.

(2) Für alle $\Delta > 0$ existiert $0 < \varepsilon < \varepsilon$ klein genug, so dass für alle $\delta > 1$, alle $t < \varepsilon\varepsilon e$ und alle $\tilde{z} \in \{\delta t < |v_i| < \varepsilon\}$ gilt:

$$X_3(0_k) < X_3(\tilde{z}) < T_{i,3} - c_k \ln(\delta) + \Delta.$$

Sei $\varepsilon > 0$, $j_0 \in \mathbb{N}$ und $\tilde{z} \in \{\delta t < |v_i| < \frac{\varepsilon}{j_0}\}$. Setze $z := v_i(\tilde{z})$.
Wir führen den Beweis nur für k ungerade.
Nach (4.3.2) gilt

$$g(\tilde{z}) = tg_k(\tilde{z}) = \frac{t}{v_i(\tilde{z})} = \frac{t}{z}. \tag{4.5.7}$$

[10] Man beachte, dass $\varepsilon \neq \varepsilon$, wobei ε die in der Konstruktion der Traizet-Flächen verwendete Konstante ist.

Dann ist

$$\begin{aligned}
&|(X_1+\mathbf{i}X_2)(\tilde{z})-(T_{i,1}+\mathbf{i}T_{i,2})| \\
&=\left|\tfrac{1}{2}\int_{0_k}^{\tilde{z}}\left(\overline{\tfrac{1}{g}dh}-gdh\right)-\tfrac{1}{2}\left(\tfrac{1}{2}\int_{0_k}^{\nu_i^{-1}(t)}\left(\overline{\tfrac{1}{g}dh}-gdh\right)+\tfrac{1}{2}\int_{0_k}^{\nu_i^{-1}(-t)}\left(\overline{\tfrac{1}{g}dh}-gdh\right)\right)\right| \\
&=\Bigg|\tfrac{1}{2}\left(\int_{0_k}^{\nu_i^{-1}(t)}(\ldots)+\int_{\nu_i^{-1}(t)}^{\tilde{z}}(\ldots)\right) \\
&\qquad\qquad -\tfrac{1}{2}\left(\tfrac{1}{2}\int_{0_k}^{\nu_i^{-1}(t)}(\ldots)+\tfrac{1}{2}\int_{0_k}^{\nu_i^{-1}(t)}(\ldots)+\tfrac{1}{2}\int_{\nu_i^{-1}(t)}^{\nu_i^{-1}(-t)}(\ldots)\right)\Bigg| \\
&=\left|\tfrac{1}{2}\left(\int_{\nu_i^{-1}(t)}^{\tilde{z}}(\ldots)-\tfrac{1}{2}\int_{\nu_i^{-1}(t)}^{\nu_i^{-1}(-t)}(\ldots)\right)\right|=:(*).
\end{aligned}$$

Einsetzen von (4.5.5) und (4.5.7) und Integration liefern

$$\begin{aligned}
(*)= \ &\tfrac{1}{2}\Bigg|\tfrac{1}{t}\overline{\left[\sum_{\nu=3}^{\infty}\tfrac{x_{-\nu}}{-\nu+2}\tfrac{1}{\nu_i^{\nu-2}}+x_{-2}\log(\nu_i)+x_{-1}\nu_i+\sum_{\nu=0}^{\infty}\tfrac{x_\nu}{\nu+2}\nu_i^{\nu+2}\right]_t^z} \\
&-t\left[\sum_{\nu=1}^{\infty}\tfrac{x_{-\nu}}{-\nu}\tfrac{1}{\nu_i^{\nu}}+x_0\log(\nu_i)+\sum_{\nu=1}^{\infty}\tfrac{x_\nu}{\nu}\nu_i^{\nu}\right]_t^z \\
&-\tfrac{1}{2t}\overline{\left[\sum_{\nu=3}^{\infty}\tfrac{x_{-\nu}}{-\nu+2}\tfrac{1}{\nu_i^{\nu-2}}+x_{-2}\log(\nu_i)+x_{-1}\nu_i+\sum_{\nu=0}^{\infty}\tfrac{x_\nu}{\nu+2}\nu_i^{\nu+2}\right]_t^{-t}} \\
&+\tfrac{t}{2}\left[\sum_{\nu=1}^{\infty}\tfrac{x_{-\nu}}{-\nu}\tfrac{1}{\nu_i^{\nu}}+x_0\log(\nu_i)+\sum_{\nu=1}^{\infty}\tfrac{x_\nu}{\nu}\nu_i^{\nu}\right]_t^{-t}\Bigg|.
\end{aligned}$$

Mit Dreiecksungleichung und (4.5.6) können wir abschätzen:

$$\begin{aligned}
(*)\leq \ &\tfrac{1}{2}\Bigg(\sum_{\nu=3}^{\infty}\tfrac{\tilde{C}}{\nu-2}\left(\tfrac{t^2}{\varepsilon}\right)^{\nu-1}\left(\tfrac{1}{t|z|^{\nu-2}}+\tfrac{1}{t^{\nu-1}}\right)+\tilde{C}\tfrac{t}{\varepsilon}\left(|\log(z)|+\tfrac{1}{2}(|\log(t)|+|\log(-t)|)\right) \\
&+\tilde{C}\tfrac{|z|}{t}+\sum_{\nu=0}^{\infty}\tfrac{\tilde{C}}{\nu+2}\left(\tfrac{1}{\varepsilon}\right)^{\nu+1}\left(\tfrac{|z|^{\nu+2}}{t}+t^{\nu+1}\right)+\sum_{\nu=1}^{\infty}\tfrac{\tilde{C}}{\nu}\left(\tfrac{t^2}{\varepsilon}\right)^{\nu-1}\left(\tfrac{t}{|z|^{\nu}}+\tfrac{1}{t^{\nu-1}}\right) \\
&+\tilde{C}\tfrac{t}{\varepsilon}\left(|\log(z)|+\tfrac{1}{2}(|\log(t)|+|\log(-t)|)\right)+\sum_{\nu=1}^{\infty}\tfrac{\tilde{C}}{\nu}\tfrac{1}{\varepsilon^{\nu+1}}(t|z|^{\nu}+t^{\nu+1})\Bigg).
\end{aligned}$$

Unter Beachtung von $\frac{1}{|z|}<\frac{1}{\delta t}$ sowie $\delta>1$ und $|z|<\frac{\varepsilon}{j_0}$ folgt

$$\begin{aligned}
(*)\leq \ &\tfrac{1}{2}\Bigg(2\tilde{C}\tfrac{t}{\varepsilon}\sum_{\nu=1}^{\infty}\tfrac{1}{\nu}\left(\tfrac{t}{\varepsilon}\right)^{\nu}+2\tilde{C}\tfrac{t}{\varepsilon}\left(|\ln|z||+|\ln|t||+|\arg(z)|+\tfrac{1}{2}(|\arg(-t)|+|\arg(t)|)\right) \\
&+\tilde{C}\tfrac{\varepsilon}{tj_0}+\tilde{C}\tfrac{\varepsilon}{t}\sum_{\nu=1}^{\infty}\tfrac{1}{\nu+1}\left(\left(\tfrac{1}{j_0}\right)^{\nu+1}+\left(\tfrac{t}{\varepsilon}\right)^{\nu+1}\right) \\
&+2\tilde{C}\tfrac{\varepsilon}{t}\sum_{\nu=1}^{\infty}\tfrac{1}{\nu}\left(\tfrac{t}{\varepsilon}\right)^{\nu}+\tilde{C}\tfrac{t}{\varepsilon}\sum_{\nu=1}^{\infty}\tfrac{1}{\nu}\left(\tfrac{1}{j_0}\right)^{\nu}+\tilde{C}\tfrac{t}{\varepsilon}\sum_{\nu=1}^{\infty}\tfrac{1}{\nu}\left(\tfrac{t}{\varepsilon}\right)^{\nu}\Bigg).
\end{aligned}$$

Berücksichtigen wir $\sum_{\nu=1}^{\infty}\frac{1}{\nu+1}\left(\left(\frac{1}{j_0}\right)^{\nu+1}+\left(\frac{t}{\varepsilon}\right)^{\nu+1}\right)<\sum_{\nu=1}^{\infty}\frac{1}{\nu}\left(\left(\frac{1}{j_0}\right)^{\nu}+\left(\frac{t}{\varepsilon}\right)^{\nu}\right)$, so treten in obigem Ausdruck nur zwei verschiedene unendliche Reihen auf, die wir wie folgt abschätzen. Es gilt

- $\sum_{\nu=1}^{\infty}\frac{1}{\nu}q^{\nu}=-\ln(1-q)$ für $|q|<1$.
- Da $\frac{1}{\varepsilon-t}<\frac{1}{\varepsilon-\frac{\varepsilon}{j_0}}$ für $t<\frac{\varepsilon}{j_0}$ gilt, folgt $-\ln\left(1-\frac{t}{\varepsilon}\right)<\ln\left(\frac{j_0}{j_0-1}\right)=\sum_{\nu=1}^{\infty}\frac{1}{\nu}\left(\frac{1}{j_0}\right)^{\nu}<\sum_{\nu=0}^{\infty}\left(\frac{1}{j_0}\right)^{\nu}-1=\frac{1}{j_0-1}$. Terme der Form $\tilde{C}\frac{\varepsilon}{t}\sum_{\nu=1}^{\infty}\frac{1}{\nu}(q)^{\nu}$ mit $q\in\{\frac{t}{\varepsilon},\frac{1}{j_0}\}$ können also gegen
$$\tilde{C}\frac{\varepsilon}{t}\frac{1}{j_0-1}<(\tilde{C}+1)\frac{\varepsilon}{tj_0}$$
für $j_0>\tilde{C}+1$ abgeschätzt werden.
- Es gilt offensichtlich $\frac{t}{\varepsilon}<\frac{\varepsilon}{t}$ für alle zulässigen t.
- Terme der Form $\tilde{C}\frac{t}{\varepsilon}\sum_{\nu=1}^{\infty}\frac{1}{\nu}(q)^{\nu}$ sind dann für $q\in\{\frac{t}{\varepsilon},\frac{1}{j_0}\}$ ebenfalls kleiner als $(\tilde{C}+1)\frac{\varepsilon}{tj_0}$.
- O.B.d.A können wir $|z|<1$ annehmen. Dann ist $|\ln|z||=\ln\frac{1}{|z|}<\ln\frac{1}{\delta t}<\ln\frac{1}{t}$. Für $0\leq t\leq 1$ hat $t\mapsto -t\ln t=t|\ln t|$ ein isoliertes globales Maximum in $t_m=\frac{1}{e}$ mit $t_m|\ln t_m|=\frac{1}{e}$. Damit ist
$$\tilde{C}\frac{t}{\varepsilon}(|\ln|z||+|\ln t|)<2\tilde{C}\frac{1}{e\varepsilon}<2\tilde{C}\frac{\varepsilon}{tj_0}$$
für alle $t<\frac{\varepsilon}{j_0}\varepsilon e$.
- Für jeden zulässigen Zweig des Logarithmus log sind die Argumente von $t,-t$ und z gegen Konstanten abschätzbar.

Wählen wir weiter j_0 so groß, dass zusätzlich $\frac{\varepsilon}{j_0}<\varepsilon$ gilt, so erhalten wir für alle $t<\frac{\varepsilon}{j_0}\varepsilon e<\varepsilon\varepsilon e$ insgesamt wie gewünscht
$$(*)<C\frac{\varepsilon}{t}$$
mit einer von ε und t unabhängigen Konstanten C. Damit ist (1) nachgewiesen.

Wir zeigen nun die Gültigkeit der vertikalen Abschätzung (2).

Es seien $j_0,\tilde{z},z$ wie vor (4.5.7) eingeführt. Wir setzen $\varepsilon:=\frac{\varepsilon}{j_0}$. Mit 0_k als Integrationsfußpunkt ist $X_3(0_k)=0$. Es gilt
$$X_3(\tilde{z})=\Re\left(\int_{0_k}^{v_i^{-1}(\frac{\varepsilon}{2})}dh+\int_{v_i^{-1}(\frac{\varepsilon}{2})}^{\tilde{z}}dh\right)=:(**).$$

Nach (4.3.7) und Bemerkung 4.3.1(ii) gilt $x_{-1}=-r_i\in\mathbb{R}$ für das Residuum von dh.[11] Einsetzen von

[11] Denn γ_i ist nach Definition ein negativ orientierter Kreis um a_i, vgl. auch (4.3.7).

(4.5.5) und Integration liefern

$$
\begin{aligned}
(**) &= X_3\left(v_i^{-1}\left(\tfrac{\varepsilon}{2}\right)\right) + \\
&\qquad \Re\left[x_{-1}\log(v_i) + \textstyle\sum_{\nu=2}^{\infty} \frac{x_{-\nu}}{-\nu+1}\left(\frac{1}{v_i}\right)^{\nu-1} + \sum_{\nu=0}^{\infty} \frac{x_\nu}{\nu+1} v_i^{\nu+1}\right]_{\frac{\varepsilon}{2}}^{z} \\
&= \underbrace{X_3\left(v_i^{-1}\left(\frac{\varepsilon}{2}\right)\right)}_{=:h_{\frac{\varepsilon}{2}}} - r_i \ln\left(\tfrac{|z|}{\frac{\varepsilon}{2}}\right) + \\
&\qquad \Re\left(\textstyle\sum_{\nu=2}^{\infty} \frac{x_{-\nu}}{-\nu+1}\left(\frac{1}{z^{\nu-1}} - \left(\frac{2}{\varepsilon}\right)^{\nu-1}\right) + \sum_{\nu=0}^{\infty} \frac{x_\nu}{\nu+1}\left(z^{\nu+1} - \left(\frac{\varepsilon}{2}\right)^{\nu+1}\right)\right) \\
&\geq h_{\frac{\varepsilon}{2}} + r_i \ln\left(\tfrac{\varepsilon}{2|z|}\right) - \left|\Re(\ldots)\right| \\
&\overset{|z|<\frac{\varepsilon}{j_0}}{\geq} h_{\frac{\varepsilon}{2}} + r_i \ln\left(\tfrac{j_0}{2}\right) - \left|(\ldots)\right|.
\end{aligned}
$$

Nun ist wegen $|z|, t < \frac{\varepsilon}{j_0}$, $\frac{1}{|z|} < \frac{1}{\delta t}$, $\delta > 1$ und Dreiecksungleichung

$$
\begin{aligned}
\left|(\ldots)\right| &= \left|\textstyle\sum_{\nu=2}^{\infty} \frac{x_{-\nu}}{-\nu+1}\left(\frac{1}{z^{\nu-1}} - \left(\frac{2}{\varepsilon}\right)^{\nu-1}\right) + \sum_{\nu=0}^{\infty} \frac{x_\nu}{\nu+1}\left(z^{\nu+1} - \left(\frac{\varepsilon}{2}\right)^{\nu+1}\right)\right| \\
&\leq \textstyle\sum_{\nu=2}^{\infty} \frac{|x_{-\nu}|}{\nu-1}\left(\frac{1}{|z|^{\nu-1}} + \left(\frac{2}{\varepsilon}\right)^{\nu-1}\right) + \sum_{\nu=0}^{\infty} \frac{|x_\nu|}{\nu+1}\left(|z|^{\nu+1} + \left(\frac{\varepsilon}{2}\right)^{\nu+1}\right) \\
&\overset{(4.5.6)}{\leq} \textstyle\sum_{\nu=1}^{\infty} \frac{\tilde{C}}{\nu}\left(\left(\frac{t}{\varepsilon}\right)^{\nu} + \left(\frac{2t^2}{\varepsilon^2}\right)^{\nu}\right) + \sum_{\nu=1}^{\infty} \frac{\tilde{C}}{\nu}\left(\left(\frac{1}{j_0}\right)^{\nu} + \left(\frac{1}{2}\right)^{\nu}\right) \\
&= -\tilde{C}\left(\ln\left(1 - \tfrac{t}{\varepsilon}\right) + \ln\left(1 - \tfrac{2t^2}{\varepsilon^2}\right) + \ln\left(1 - \tfrac{1}{j_0}\right) + \ln\left(1 - \tfrac{1}{2}\right)\right) \\
&= \tilde{C}\left(\underbrace{\ln\left(\frac{\varepsilon}{\varepsilon - t}\right)}_{\leq 2\ \forall j_0 \geq 2} + \underbrace{\ln\left(\frac{\varepsilon^2}{\varepsilon^2 - 2t^2}\right)}_{\leq 2\ \forall j_0 \geq 2} + \underbrace{\ln\left(\frac{j_0}{j_0 - 1}\right)}_{\leq 2\ \forall j_0 \geq 2} + \ln(2)\right) \\
&\leq 4\tilde{C}\ln(2).
\end{aligned}
$$

Wählen wir $j_0 \in \mathbb{N}$ so groß, dass

$$
r_i \ln\left(\frac{j_0}{2}\right) > -h_{\frac{\varepsilon}{2}} + 4\tilde{C}\ln(2),
$$

so gilt $X_3(\tilde{z}) > 0$ für alle $\tilde{z} \in \{\delta t < |v_i| < \varepsilon\}$, womit die Gültigkeit der linken Seite der Abschätzung (2) gezeigt ist.

Für die rechte Seite erhalten wir

$$\begin{aligned}
T_{i,3} - c_k \ln(\delta) - X_3(\tilde{z}) &= \tfrac{1}{2}\left(X_3(v_i^{-1}(t)) + X_3(v_i^{-1}(-t))\right) - c_k \ln(\delta) - X_3(\tilde{z}) \\
&= \Re\left(\tfrac{1}{2}\left(\int_{v_i^{-1}(\varepsilon)}^{v_i^{-1}(t)} dh + \int_{v_i^{-1}(\varepsilon)}^{v_i^{-1}(-t)} dh\right) - \int_{v_i^{-1}(\varepsilon)}^{\tilde{z}} dh\right) - c_k \ln(\delta) \\
&\overset{x_1=-r_i}{=} -r_i\left(\tfrac{1}{2}\ln|t| + \tfrac{1}{2}\ln|-t| - \ln|z|\right) - c_k \ln(\delta) \\
&\quad + \Re\Big(\textstyle\sum_{\nu=2}^{\infty} \frac{x_{-\nu}}{-\nu+1}\left(\frac{1}{2}\frac{1}{t^{\nu-1}} + \frac{1}{2}\frac{1}{(-t)^{\nu-1}} - \frac{1}{z^{\nu-1}}\right) \\
&\qquad + \textstyle\sum_{\nu=0}^{\infty} \frac{x_\nu}{\nu+1}\left(\frac{1}{2}t^{\nu+1} + \frac{1}{2}(-t)^{\nu+1} - z^{\nu+1}\right)\Big) \\
&= r_i \ln\left(\tfrac{|z|}{t}\right) - c_k \ln(\delta) + \Re(\ldots) \\
&\overset{\frac{|z|}{t}>\delta}{>} (r_i - c_k)\ln(\delta) + \Re(\ldots).
\end{aligned}$$

Wir schätzen unter Berücksichtigung von $\delta > 1$, $\frac{1}{|z|} < \frac{1}{\delta t}$, $\frac{|z|}{\varepsilon} < \frac{1}{j_0}$ wieder ab:

$$\begin{aligned}
|\Re(\ldots)| &\le \textstyle\sum_{\nu=2}^{\infty} \frac{|x_{-\nu}|}{\nu-1}\left(\frac{1}{t^{\nu-1}} + \frac{1}{|z|^{\nu-1}}\right) + \sum_{\nu=0}^{\infty} \frac{|x_\nu|}{\nu+1}\left(t^{\nu+1} + |z|^{\nu+1}\right) \\
&\overset{(4.5.6)}{\le} \textstyle\sum_{\nu=2}^{\infty} \frac{\tilde{C}}{\nu-1}\left(\left(\frac{t}{\varepsilon}\right)^{\nu-1} + \left(\frac{t}{\varepsilon\delta}\right)^{\nu-1}\right) + \sum_{\nu=0}^{\infty} \frac{\tilde{C}}{\nu+1}\left(\left(\frac{t}{\varepsilon}\right)^{\nu+1} + \left(\frac{1}{j_0}\right)^{\nu+1}\right) \\
&< -\tilde{C}\left(\ln\left(1 - \tfrac{t}{\varepsilon}\right) + \ln\left(1 - \tfrac{t}{\varepsilon}\right) + \ln\left(1 - \tfrac{t}{\varepsilon}\right) + \ln\left(1 - \tfrac{1}{j_0}\right)\right) \\
&< \tilde{C}\left(3\tilde{C}\ln\left(\tfrac{\varepsilon}{\varepsilon - t}\right) + \tilde{C}\ln\left(\tfrac{j_0}{j_0-1}\right)\right) =: (***).
\end{aligned}$$

Wegen $t < \frac{\varepsilon}{j_0}$ ist $\frac{\varepsilon}{\varepsilon - t} < \frac{\varepsilon}{\varepsilon - \frac{\varepsilon}{j_0}} = \frac{j_0}{j_0-1}$ und es folgt: $(***) < 4\tilde{C}\ln\left(\frac{j_0}{j_0-1}\right)$.
Damit ist

$$T_{i,3} - c_k \ln(\delta) - X_3(z) > (r_i - c_k)\ln(\delta) - 4\tilde{C}\ln\left(\frac{j_0}{j_0-1}\right).$$

Es gilt $\ln\left(\frac{j_0}{j_0-1}\right) \overset{j_0\to\infty}{\longrightarrow} 0$ und $r_i \overset{t\to 0}{\longrightarrow} c_k$ nach Proposition 4.3.5.
Insbesondere gibt es für alle $\Delta > 0$ ein $j_0 \in \mathbb{N}$, so dass für alle $t < \frac{\varepsilon}{j_0} = \varepsilon$ gilt

$$T^t_{i,3} - c_k \ln(\delta) - X^t_3(z) > -|r_i - c_k|\ln(\delta) - 4\tilde{C}\ln\left(\frac{j_0}{j_0-1}\right) > -\Delta,$$

wie zu zeigen war.
Für $i \in I_{k-1}$ folgen die behaupteten Abschätzungen analog, wobei zu beachten ist, dass bei einer Laurent-Reihendarstellung von dh in einer w_i-Koordinatenumge-bung für das Residuum $x_{-1} = +r_i$ gilt.
Damit ist der Beweis von (iv)(b) abgeschlossen.

Zu (iv)(a): Analog zum Beweis von (4.5.1) wird für $t \to 0$ gezeigt[12]

$$|(X_1 + \mathbf{i}X_2)(z)| = \frac{|z|}{2t} + o\left(\frac{1}{t}\right).$$

Es ist damit

$$|z| = 2t|(X_1 + \mathbf{i}X_2)(z)| + o(1). \tag{4.5.8}$$

Nach Satz 2.3.1 gilt für $z \in \mathbb{C}_k$ mit $|z|$ groß

$$X_3(z) = R_k \ln(|z|) + X_3(0_k) + O\left(\frac{1}{|z|}\right). \tag{4.5.9}$$

Einsetzen von (4.5.8) in (4.5.9) liefert die Behauptung.

□

Wir beweisen nun das Einbettungsresultat Korollar 4.3.2.

Beweis. Sei $k \in \{1,...,N-1\}$ so, dass

$$\frac{\partial}{\partial k}(W \circ c)(Q_1^0,...,Q_{N-1}^0) \neq 0 \quad \text{und } Q_{k-1}^0 < Q_k^0 < Q_{k+1}^0.$$

Nach Voraussetzung ist

$$Q_1^0 \leq ... \leq Q_{N-1}^0 < Q_N^0. \tag{4.5.10}$$

Durch Bemerkung 4.3.6 (ii) ist garantiert, dass für alle $j \in \{1,...,N-1\} \setminus \{k\}$ die logarithmischen Wachstumsraten R_j, nahe Q^0 frei wählbar sind.
Halten wir $R_{k-1} \equiv Q_{k-1}^0$, $R_{k+1} \equiv Q_{k+1}^0$ und falls $k \neq N-1$ außerdem $R_{N-1} \equiv Q_{N-1}^0$ sowie Parameter aufeinanderfolgender Indizes für die in (4.5.10) Gleichheit besteht, fest, so gilt für Parameter $(t,(R_j)_{j \notin \{k,N\}})$ nahe genug an $(t,(Q_j^0)_{j \notin \{k,N\}})$ die Abschätzung

$$R_1 \leq ... \leq R_{k-1} \leq R_k(t,(R_j)_{j \notin \{k,N\}}) \leq R_{k+1} \leq ... \leq R_{N-1} \leq R_N(t,(R_j)_{j \notin \{k,N\}}).$$

Nach (4.5.2) gilt

$$X_3^t(0_{k+1}) - X_3^t(0_k) = -2c_k \ln(t) + o(\ln(t)) \xrightarrow{t \to 0} +\infty.$$

Damit sind die Enden der zugehörigen Flächen außerhalb eines Kompaktums nach Satz 4.5.1 (iv)(a) frei von Selbstschnitten.
Sei $d_k := \min\{|p_i^0 - p_j^0| \mid i,j \in I_k \cup I_{k-1} \cup I_{k+1},\ i \neq j\}$ und $d := \min\{d_k|\ k = 1,...,N-1\}$ der minimale Abstand zweier verschiedener, auf benachbarter Höhe liegender Punkte der Konfiguration. Für $\varepsilon << \frac{d}{2}$ sind dann nach (4.5.3) die Zylinder aus Satz 4.5.1 (iv)(b) disjunkt.
Mit Satz 4.5.1 (ii),(iii),(iv) folgt die Behauptung. □

Es sei (N,I,p^0,c^0,l) eine Konfiguration, die den Voraussetzungen von Satz 4.3.1 genügt, und der Vektor $Q^0 \in \mathbb{R}^N$ nach (4.3.1) induktiv durch c^0 definiert.

[12] siehe [Tr, S.151]

Sei $\{X^t\}$ die zugehörige Familie von Traizet-Flächen, je mit Weierstraß-Daten $\{g_t, dh_t\}$, gemäß Bemerkung 4.3.6 abhängig von t und jenen logarithmischen Wachstumsraten R_j, $j \in \{1,...,N-1\} \setminus \{\hat{k}\}$,[13] die in der Nähe der Q_j^0 frei wählbar sind.
Dann ziehen wir aus Satz 4.5.1 folgendes

Korollar 4.5.2. *Sei* $2 \leq k \leq N-1$.

(i) Es gelte $R_k \equiv Q_k^0 = 0$, *d.h. jedes* X^t *besitze ein planares Ende auf Höhe k, etwa asymptotisch zu* $\{x_3 \equiv \eta \in \mathbb{R}\} \subset \mathbb{R}^3$.
Dann gibt es für alle t hinreichend klein einen durch zwei horizontale Ebenen berandeten Streifen $S^t \subset \mathbb{R}^3$ *mit* $\{x_3 \equiv \eta\} \subset S^t$, *der kein weiteres Ende von* X^t *enthält, so dass die Zusammenhangskomponenten von* $\partial(Bild(X^t) \cap S^t)$ *disjunkte einfach geschlossene konvexe ebene Kurven sind und die Anzahl der Randkomponenten gleich der Anzahl* $n_{k-1} + n_k$ *der Hälse auf den Höhen* $k-1$ *und k ist.*

(ii) Ist das Ende auf Höhe k vom Katenoid-Typ, so gibt es analog für t genügend klein einen horizontalen Streifen S^t, *so dass* $\partial(Bild(X^t) \cap S^t)$ *jeden der* $(n_{k-1} + n_k)$ *Zylinder aus Satz* 4.5.1 (iv)(b) *in einer einfach geschlossenen konvexen Kurve schneidet. Da die Konfiguration regulär ist, können die Zylinder nach* (4.3.5) *als disjunkt angenommen werden.*

In beiden Fällen kann S^t *so gewählt werden, dass* $Bild(X^t)$ *Graph über dem unbeschränkten zusammenhängenden Gebiet in der horizontalen Ebene ist, welches durch die (disjunkten) Orthogonalprojektionen der durch die obigen Aussagen induzierten Kurven um die Hälse berandet wird.*

Beweis. Um den Beweis führen zu können, zeigen wir zunächst die Gültigkeit der Aussage (ii) von Satz 4.5.1.
Sei also $\delta > 1$ und $i \in I_k$ für ein $k \in \{1,...,N-1\}$. Mit der Bezeichnung von (4.3.2) setzen wir $u := \frac{v_i}{t}$.
Dann gilt auf dem Kreisring $\{\frac{t}{\delta} < |v_i| < \delta t\}$:

$$\frac{1}{\delta} < |u| < \delta.$$

Nach (4.3.4) ist

$$g = \left\{ \begin{array}{ll} tg_k = \frac{t}{v_i}, & k \text{ ungerade} \\ \frac{1}{tg_k(z)} = \frac{v_i}{t}, & k \text{ gerade} \end{array} \right\} = \left(\frac{t}{v_i}\right)^{(-1)^{k+1}} = u^{(-1)^k}.$$

Wir schreiben dh als Laurent-Reihe wie in (4.5.5)

$$dh = \sum_{\nu \in \mathbb{Z}} x_\nu v_i^\nu dv_i = \sum_{\nu \in \mathbb{Z}} x_\nu t^{\nu+1} u^\nu du.$$

[13] Hierbei bezeichnet $\hat{k}$ einen fest gewählten Index mit $\frac{\partial}{\partial R_{\hat{k}}}(W \circ c)(Q_1^0, ..., Q_{N-1}^0) \neq 0$, vgl. Erläuterung vor Proposition 4.3.9.

Mit den Abschätzungen (4.5.6) gilt dann

$$\begin{aligned} |x_\nu t^{\nu+1}| &\leq \tilde{C}\left(\frac{\varepsilon}{t^2}\right)^{\nu+1} t^{\nu+1} = \tilde{C}\left(\frac{\varepsilon}{t}\right)^{\nu+1} \quad \text{für } \nu \leq -2 \text{ und} \\ |x_\nu t^{\nu+1}| &\leq \tilde{C}\left(\frac{t}{\varepsilon}\right)^{\nu+1} \quad \text{für } \nu \geq 0. \end{aligned}$$

Da $\frac{t}{\varepsilon} < 1$, gilt in beiden Fällen $|x_\nu t^{\nu+1}| < \frac{\tilde{C}t}{\varepsilon} \to 0$ für $t \to 0$.
Für $\nu = -1$ erhalten wir mit Proposition 4.3.5

$$x_\nu t^{\nu+1} = x_{-1} \overset{(4.3.7)}{=} -r_i \overset{t\to 0}{\to} -c_k(R) =: -c_k.$$ [14]

In u-Koordinaten konvergieren die Weierstraß-Daten für $t \to 0$ gegen

$$g = \begin{cases} \frac{1}{u}, & k \text{ ungerade} \\ u, & k \text{ gerade} \end{cases}, \quad dh = -\frac{c_k}{u} du.$$

Dies sind in beiden Fällen die Weierstraß-Daten eines Katenoids mit Halsradius c_k und horizontalen Enden, eingeschränkt auf $\{\frac{1}{\delta} < |u| < \delta\}$. Die Höhenlinien des Katenoids sind Kreise, also insbesondere konvexe ebene Kurven. Für $\eta \in \left(c_k \ln(\frac{1}{\delta}), c_k \ln(\delta)\right)$ gilt genauer

$$X_3^{-1}(\eta) = \left\{ u \,\middle|\, |u| = e^{-\frac{1}{c_k}\eta} =: \tilde{\eta} > 0 \right\}.$$

Nach [F, S. 421 f.] gilt für die Krümmung von $X_3^{-1}(\eta)$, aufgefasst als ebene Kurve in $\mathbb{R}^2$,

$$\kappa(u_\eta) = \frac{1}{\tilde{\eta}} \frac{1}{\Lambda(u_\eta)} \Re\left(u_\eta \frac{g'(u_\eta)}{g(u_\eta)}\right) = \frac{1}{\tilde{\eta}} \frac{1}{\Lambda(u_\eta)} > 0$$

für $u_\eta \in X_3^{-1}(\eta)$.
Hierbei bezeichnet $\Lambda = \frac{1}{2}\left(|g| + \frac{1}{|g|}\right)|dh|$ den konformen Faktor der Metrik des Katenoids; dieser ist offensichtlich konstant entlang einer Höhenlinie. Die Ableitung von g ist bzgl. u-Koordinaten zu verstehen. Nach (4.3.3) konvergiert mit g auch g' für $t \to 0$.
Für t nahe genug an 0 behält die Krümmung ihr Vorzeichen und folglich sind die Höhenlinien von $X^t\big|_{\{z\in C_k | \frac{t}{\delta} < |v_i(z)| < \delta t\}}$ dann ebenfalls konvex.
Die weiteren Aussagen des Korollars folgen mit Satz 4.5.1. □

Damit erhalten wir folgende Aussage über die Form zulässiger Konfigurationen und in Bezug auf die offene Frage aus Bemerkung 3.3.3 für Traizet-Flächen eine Teilantwort:

Korollar 4.5.3. *Es gibt keine zulässige Konfiguration (N, I, p^0, c^0, l) vom Typ $T(\ldots,1,1,\ldots)$ für Satz 4.3.1, d.h. mit $|I_{k-1}| = n_{k-1} = 1 = |I_k| = n_k$ für $k \in \{2,\ldots,N-1\}$.*

[14] Im Vektor $R = (R_1, \ldots, R_{N-1})$ der logarithmischen Wachstumsraten ist nach Beweisschritt 6 zu Satz 4.3.1 einer der Parameter, hier $R_{\hat{k}}$, Funktion von t und den übrigen Wachstumsraten. In $t = 0$ ist R als $(R_1, \ldots, R_{\hat{k}}(0, R_1, \ldots, \widehat{R_{\hat{k}}}, \ldots, R_{N-1}), \ldots, R_{N-1})$ zu lesen.

Insbesondere existiert keine zulässige Konfiguration dieses Typs, die zu Traizet-Flächen mit einem planaren Ende auf Höhe $2 \leq k \leq N-1$ führt.

Beweis. Die Aussage folgt aus unserem Korollar 4.5.2 zusammen mit dem Satz 3.3.4 von Perez-Ros und Bemerkung 3.3.2. □

Der einfachste Ansatz, mit Satz 4.3.1 minimale Kreisringe mit planarem Ende und vertikalem Flux zu konstruieren, scheitert damit.

Kapitel 5

Existenz von Minimalflächen mit planaren Enden kleinster Ordnung

5.1 Einleitung

Im vierten Kapitel haben wir mit Bemerkung 4.4.1 gezeigt, dass es zum Nachweis der Existenz von vollständigen eingebetteten Minimalflächen endlicher Totalkrümmung mit planaren Enden der Ordnung 2 genügt, eine zulässige k-2-planare Konfiguration zu konstruieren.
Wir werden zeigen, dass es in der Notation von Definition 4.2.2. (iv) Beispiele vom Typ $T(1,3,m)$ für spezielle $m \in \mathbb{N}$ gibt. Da durch den Anspruch, Konfigurationen mit einem planaren Ende zu konstruieren, eine zusätzliche Bedingung an die Halsradien gegeben ist, die diese bis auf Skalierung festlegt[1], können wir nicht generische Argumente wie in [Tr, § 2.4] anwenden, sondern müssen Existenz exakt für diese Halsradien nachweisen.

5.2 Existenz von k-2-planaren Konfigurationen

In Traizets Arbeit findet man folgendes einfach zu beweisendes Kriterium für Kräftefreiheit von superregulären[2] Konfigurationen:

Lemma 5.2.1 ([Tr]). *Es sei (N,I,p,c,l) eine superreguläre Konfiguration. Für $k \in \{1,...,N-1\}$ sei $P_k(z) := \prod_{i\in I_k}(z-p_i)$ und $P(z) := \prod_{k=1}^{N-1} P_k(z)$.*
Die Konfiguration ist genau dann kräftefrei, wenn

$$\Psi := \sum_{k=1}^{N-1} c_k^2 P_k'' \frac{P}{P_k} - \sum_{k=1}^{N-2} c_k c_{k+1} P_k' P_{k+1}' \frac{P}{P_k P_{k+1}} \tag{5.2.1}$$

das Nullpolynom ist.[3]

[1] siehe (5.2.2) und folgende Gleichungen

[2] siehe Definition 4.2.2 (i)

[3] Ableitungen von Polynomen nach ihrer Variablen z werden in diesem Abschnitt mit $()'$, Ableitungen nach einem

Bemerkung 5.2.1. Ψ ist ein Polynom vom Grad $\leq n-2$. Tatsächlich ist der Koeffizient höchster Ordnung von Ψ gleich

$$\sum_{k=1}^{N-1} n_k(n_k-1)c_k^2 - \sum_{k=1}^{N-2} n_k n_{k+1} c_k c_{k+1} = W(c).$$

Um Konfigurationen auf Nicht-Degeneriertheit zu prüfen, benutzen wir die Aussage folgender

Bemerkung 5.2.2. Sei $(N,I,p=(p_1,\dots,p_n),c,l)$ eine kräftefreie Konfiguration und F die zugehörige Kraftfunktion.
Es gelte für alle differenzierbaren Variationen $s \mapsto p(s)$ mit $p(0)=0$:

Falls $\frac{d}{ds}\Big|_{s=0} F(p(s)) = 0$, so folgt $\frac{d}{ds}\Big|_{s=0} p(s) =: \dot{p}(0) = 0$.[3]

Dann ist $\mathrm{Rang}(DF_p) = n-2$, d.h. die Konfiguration ist nicht-degeneriert.

Beweis. Andernfalls ist $\mathrm{Rang}(DF_p) < n-2$.
$\Rightarrow$ Es existiert $v \notin \mathrm{span}\{\mathbf{1},p\}$ mit $\{\mathbf{1},p,v\} \subset \mathrm{Kern}(DF_p)$.[4]
Man betrachte die Variation $p_v : s \mapsto p_v(s) := p + s\cdot v$.
Dann ist $p_v(0) = p$ und $\frac{d}{ds}\Big|_{s=0} F(p_v(s)) = DF_{p_v(0)} \cdot \dot{p}_v(0) = DF_p \cdot v = 0$.
Es ist aber $\dot{p}_v(0) \neq 0$. □

Nun können wir die Existenz von vollständigen eingebetteten Minimalflächen endlicher Totalkrümmung mit planaren Enden der Ordnung 2 beweisen.

Satz 5.2.2. *Es gibt eine eingebettete* 3-2-*planare Konfiguration mit* $N=4$ *Enden und* $n=11$ *Hälsen.*

Beweis. Wir wählen einen Zugang analog [Tr, §2.4]:
Setze $N := 4, n_1 := 1, n_2 := 3, n_3 := m$ mit $m \in \mathbb{N}$.
Es seien $I_1 = \{0\}, I_2 = \{1,2,3\}, I_3 = \{4,\dots,m+3\}$ und $p_0, p_1, p_2, p_3, p_4, \dots, p_{m+3}$ die Limespositionen der Hälse der zu konstruierenden Konfiguration.
Wir normalisieren die Konfiguration durch die Festsetzungen

$$p_0 := 0 \text{ und } \prod_{i=4}^{m+3} p_i := 1$$

und skalieren die Halsradien, so dass $c_3 = 1$ gilt.
Dann liefert die für Kräftefreiheit nach (4.2.2) notwendige Bedingung $0 = W(c) = 6c_2^2 + m(m-1)c_3^2 - 3c_1c_2 - 3mc_2c_3$:

$$c_1 = 2c_2 + \frac{m(m-1)}{3c_2} - m. \tag{5.2.2}$$

Das Ende auf Höhe 3 der zur Konfiguration zugehörigen Flächen ist planar, wenn gilt

$$0 = Q_3 = n_2c_2 - n_3c_3 = 3c_2 - m,$$

Variationsparameter s mit $\dot{()}$ notiert.
[4]vgl. Bem. 4.2.2, $\mathbf{1} := (1,\dots,1) \in \mathbb{C}^n$

also für $c_2 = \frac{m}{3}$, falls der Index $k = 3$ die Bedingungen von Definition 4.4.1 erfüllt.
Nach (4.3.1) sind die Ausgangswerte der logarithmischen Wachstumsraten dann

$$\begin{aligned} Q_1 = & \quad -n_1c_1 = -\tfrac{2}{3}m+1, \quad Q_2 = n_2c_2 - n_3c_3 = -\frac{1}{3}m-1 \\ Q_3 = & \quad 0, \qquad\qquad Q_4 = n_3c_3 = m > 0. \end{aligned}$$

Die Konfiguration ist eingebettet, wenn

$$Q_1 < Q_2 \Leftrightarrow -\frac{2}{3}m+1 < -\frac{1}{3}m-1 \Leftrightarrow m > 6.$$[5]

Es gilt mit der Abbildung $c : R \mapsto c(R)$ aus (4.3.12)

$$D(W \circ c) \begin{pmatrix} Q_1 \\ Q_2 \\ Q_3 \end{pmatrix} = \begin{pmatrix} \frac{1}{3}m+1 \\ -\frac{2}{3}m+1 \\ 2-m \end{pmatrix} \neq \begin{pmatrix} 0 \\ 0 \\ 0 \end{pmatrix}.$$

Damit ist die erste Bedingung von Definition 4.4.1 an eine 3-2-planare Konfiguration für jeden Index $k \in \{1,2,3\}$ gegeben. Es seien weiter

$$\begin{aligned} P_1(z) := & \quad z - p_0 & = z, \\ P_2(z) := & \quad \prod_{i=1}^{3}(z-p_i) & =: \sum_{k=0}^{3} a_k z^k, \\ P_3(z) := & \quad \prod_{i=4}^{m+3}(z-p_i) & =: \sum_{k=0}^{m} b_k z^k. \end{aligned}$$

Dann gilt $a_3 = b_m = 1$ und $b_0 = (-1)^m \prod_{i=4}^{m+3} p_i = (-1)^m$.
Aus (5.2.1) folgt hier

$$\begin{aligned} 0 \equiv \Psi(z) &= c_2^2 z P_2'' P_3 + z P_3'' P_2 - c_1 c_2 P_2' P_3 - c_2 z P_2' P_3' \\ &= (mz^2 + \frac{2m}{3}(1-\frac{m}{3})a_2 z + \frac{m}{3}(1-\frac{2m}{3})a_1)P_3 \\ &\quad -(mz^3 + \frac{2}{3}ma_2z^2 + \frac{m}{3}a_1 z)P_3' \\ &\quad +(z^4 + a_2z^3 + a_1z^2 + a_0z)P_3'' \\ &=: \sum_{k=0}^{m+2} q_k z^k. \end{aligned} \tag{5.2.3}$$

Es gilt damit notwendig für alle Koeffizienten $q_k = 0$; durch Koeffizientenvergleich erhalten wir aus

[5] Für $m = 6$ gilt zwar $Q_1 = -3 \leq Q_2 = -3 < Q_3 = 0 < Q_4 = 6$, es ist jedoch einer der Parameter R_1, R_2 nicht frei wählbar. Somit kann $R_1 \leq R_2$ in der Nähe der Startkonfiguration nicht garantiert werden.
Bei Verzicht auf die Fixierung $R_3 \equiv Q_3 = 0$ kann aber R_3 als Funktion $R_3(t, R_1, R_2)$ gewählt werden, so dass die Parameter R_1, R_2 frei bleiben. Dann liefern Satz 4.3.1 und unser Korollar 4.3.2 zusammen mit der Beweisführung von Satz 5.2.2 die Existenz einer Familie eingebetteter Minimalflächen vom Typ $T(1,3,6)$.

(5.2.3) folgende Gleichungen

$$\begin{aligned} q_k &= ((k-2)(k-3-m)+m)b_{k-2} \\ &\quad + \left((k-1)\left(k-2-\frac{2m}{3}\right)+\frac{2m}{3}\left(1-\frac{m}{3}\right)\right)b_{k-1}a_2 \\ &\quad + \left((k\left(k-1-\frac{m}{3}\right)+\frac{m}{3}\left(1-\frac{2m}{3}\right)\right)b_k a_1 \\ &\quad +(k+1)kb_{k+1}a_0 \\ &=: v(k)b_{k-2}+v_1(k)b_{k-1}a_2+v_2(k)b_k a_1+v_3(k)b_{k+1}a_0, \end{aligned} \tag{5.2.4}$$

wobei $b_l = 0$ für $l < 0$ oder $l > m$ zu setzen ist.
Insbesondere gilt für den absoluten Term $0 = q_0 = v_2(0)a_1 b_0$.
Da $v_2(0) = \frac{m}{3}(1-\frac{2m}{3}) \neq 0$ für alle $m \in \mathbb{N}$ und $b_0 = (-1)^m \neq 0$ ist, folgt

$$a_1 = 0.$$

Unter Berücksichtigung dieser Tatsache folgt

$$q_k = v(k)b_{k-2}+v_1(k)b_{k-1}a_2+v_3(k)b_{k+1}a_0.$$

Wegen Bemerkung 5.2.1 und der Wahl von $c = (c_1, c_2, c_3)$ gilt $q_{m+2} = 0$.
Wir bemerken, dass $v(k) = 0 \Leftrightarrow k \in \{3, m+2\}$ und schreiben im Folgenden $x := a_0, y := a_2$. Dann ist die Koeffizientengleichung $q_k = 0$ für $k \in \{4, \dots, m+1\}$ äquivalent zu

$$b_{k-2} = -\frac{v_1(k)}{v(k)}b_{k-1}y - \frac{v_3(k)}{v(k)}b_{k+1}x. \tag{5.2.5}$$

Weiter ist für $y \neq 0$

$$q_2 = 0 \Leftrightarrow b_1 = -\frac{v(2)}{v_1(2)y}b_0 - \frac{v_3(2)}{v_1(2)y}b_3 x,$$

da $v_1(2) = -\frac{2m^2}{9} \neq 0$.
Mit den Startwerten $b_{m+2} = b_{m+1} = 0$, $b_m = 1$ erhalten wir also rekursiv die Koeffizienten von P_3 in Abhängigkeit von x und y.
Insbesondere beobachten wir:

- Wegen
$$c_3 \sum_{i \in I_3} p_i - c_2 \sum_{i \in I_2} p_i = {}^6 - b_{m-1} + c_2 a_2 = \left(-\frac{m\,(\frac{m}{3}-1)}{3\,(m-2)} + \frac{m}{3}\right) y \neq 0$$
für $y \neq 0$ ist nach (4.4.2), (4.4.4) das planare Ende auf Höhe 3 genau dann von Ordnung 2, wenn $y \neq 0$ gilt.
Wir werden uns also nur für solche Lösungen der Koeffizientengleichungen interessieren.

[6]Nach Satz von Vieta [Ko, S. 275] ist für ein normiertes Polynom vom Grad m der $(m-1)$. Koeffizient gerade gegeben als das Negative der Summe der Nullstellen des Polynoms.

- Aus $0 = q_1 = v_1(1)b_0y + v_3(1)b_2x$ und $v_1(1), b_0, y \neq 0$ folgt $b_2 \neq 0$ und insbesondere $x = a_0 = -p_1p_2p_3 \neq 0$, also $p_1, p_2, p_3 \neq 0$.

- Durch Induktion nach k zeigt man

$$b_{m-k}(x,y) = \sum_{i=0}^{j} \rho_i(k) y^{3i+r} x^{j-i}, \tag{5.2.6}$$

wobei die $\rho_i(k)$ rationale Zahlen sind und $k = 3j + r$ mit $j \in \mathbb{N}_0, r \in \{0,1,2\}$ eindeutig bestimmt.

Sind die Koeffizienten $b_k(x,y)$ gemäß der Rekursionsformel (5.2.5) gewählt und die notwendigen Bedingungen für die Gleichungen $q_0 = 0$ und $q_2 = 0$ berücksichtigt, so gilt $q_k = 0$ für $k \in \{0,2,4,...,m+2\}$.
Es verbleiben schließlich zwei Gleichungen in den Unbekannten x und y:

$$\begin{aligned} 0 &= q_1 &&= v_1(1)b_0y + v_3(1)b_2(x,y)x, \\ 0 &= q_3 &&= \underbrace{v(3)}_{=0} b_1(x,y) + v_1(3)b_2(x,y)y + v_3(3)b_4(x,y)x. \end{aligned}$$

Nach (5.2.6) sind dies polynomielle Gleichungen mit rationalen Koeffizienten und im Spezialfall $m = 7$ von der Form

$$\begin{aligned} 0 &= q_1 = && \tilde{\rho}_0 y + \tilde{\rho}_1 y^2 x^2 + \tilde{\rho}_2 y^5 x, && \tilde{\rho}_0, \tilde{\rho}_1, \tilde{\rho}_2 \in \mathbb{Q}, \\ 0 &= q_3 = && \hat{\rho}_0 x^2 + \hat{\rho}_1 y^3 x + \hat{\rho}_2 y^6, && \hat{\rho}_0, \hat{\rho}_1, \hat{\rho}_2 \in \mathbb{Q}, \end{aligned}$$

also lediglich quadratische Gleichungen in x. [7]
Die zweite Gleichung hat hier zwei Lösungen $x_+(y) = c_+y^3$, $x_-(y) = c_-y^3$, wobei $c_+, c_- \in \mathbb{R} \setminus \{0\}$.[8]
Einsetzen von etwa $x_+(y)$ in die erste Gleichung liefert

$$0 = y\left(\tilde{\rho}_0 + (\tilde{\rho}_1 c_+ + \tilde{\rho}_2 c_+)y^7\right). \tag{5.2.7}$$

Die Lösungen dieser Gleichung sind 0 und skalierte siebte Einheitswurzeln, es gibt damit genau eine reelle Lösung $y_0 \neq 0$.
Wir bemerken, dass die Lösungen y_0 und $x_0 := x_+(y_0)$ durch Radikale gefunden werden konnten, also exakt bekannt sind. Damit sind die zugehörigen Koeffizienten $b_k(x_0,y_0), k \in \{0,...,7\}$ des Polynoms P_3 genau bestimmt und reell.
Um zu zeigen, dass die Nullstellen der Polynome P_1, P_2, P_3 tatsächlich eine kräftefreie Konfiguration bilden, ist nach Lemma 5.2.1 noch der Nachweis zu erbringen, dass alle Nullstellen paarweise verschieden sind, d.h. eine superreguläre Konfiguration vorliegt.
Nach Konstruktion gilt $p_1, ..., p_{m+3} \neq 0$ und 0 ist die einzige Nullstelle von P_1. Hier reicht es daher

[7] Die exakten Werte der Koeffizienten $\tilde{\rho}_i, \hat{\rho}_i \in \mathbb{Q}$ sind in Anhang A.2, Abbildung A.5, in den Gleichungen (1) und (2) zu finden.

[8] siehe Anhang A.2, Abbildung A.6, Gleichung (3)

zu zeigen, dass das Polynom

$$\Phi(z) := P_2(z)P_3(z) = \left(z^3 + y_0z^2 + x_0\right)\left(\sum_{k=0}^{7} b_k(x_0,y_0)z^k\right)$$

nur einfache Nullstellen hat.
Da Φ ein reelles Polynom ist, können wir den Satz von Jacobi-Borchardt [Ob, Satz 21.2, S. 99] anwenden.
Es seien dazu für $k = 0,..,2(m+3)-2 = 18$

$$S_k := p_1^k + p_2^k + \dots + p_{m+3}^k$$

die Summen der k-ten Potenzen der Nullstellen von Φ.
Dann besagt der Satz:

Die Anzahl der voneinander verschiedenen Nullstellen von Φ ist gleich dem Rang der Matrix

$$A := \begin{pmatrix} S_0 & S_1 & S_2 & \dots & S_9 \\ S_1 & S_2 & S_3 & \dots & S_{10} \\ S_2 & S_3 & S_4 & \dots & S_{11} \\ \dots & \dots & \dots & \dots & \dots \\ S_9 & S_{10} & S_{11} & \dots & S_{18} \end{pmatrix}.$$

Bemerkung 5.2.3. Die S_k sind als symmetrische Funktionen in $p_1,...,p_{m+3}$ aus den elementarsymmetrischen Funktionen in $p_1,...,p_{m+3}$, den Koeffizienten von Φ, nach einer Rekursionsformel von Newton berechenbar [Ko, S. 287].
Die Nullstellen von P_2 sind sogar als Lösungen einer Gleichung dritten Grades durch Radikale bestimmt.
Im vorliegenden Fall gilt tatsächlich $\text{Rang}(A) = 10$.[9]
Damit bilden die Nullstellen der Polynome $P_1(z) = z$, $P_2(z) = z^3 + y_0z^2 + x_0$, $P_3(z) = \sum_{k=0}^{7} b_k(x_0,y_0)z^k$ eine superreguläre kräftefreie Konfiguration.[10]

Es bleibt noch die Nicht-Degeneriertheit nachzuweisen. Dies geschieht im folgenden Lemma, wodurch der Beweis von Satz 5.2.2 vervollständigt wird. □

Lemma 5.2.3. *Superreguläre kräftefreie Konfigurationen vom Typ $T(1,3,7)$ sind stets nicht-degeneriert.*

Beweis. Sei $p = (0, p_1, ..., p_{m+3})$ eine superreguläre kräftefreie Konfiguration, $q \mapsto F(q) = (F_i(q))_{i \in I}$ die Kraftfunktion und $\mathbb{R} \ni s \mapsto p(s)$ eine differenzierbare Variation mit $p(0) = p$. Wir normalisieren

[9] siehe Anhang A.2, Abbildung A.8: Berechnungen mit MAPLE 10

[10] Die Lage dieser Nullstellen ist in Abbildung A.1 in Anhang A.1 graphisch dargestellt; den Fall $m = 8$ zeigt Abbildung A.2.

die Variation durch die Festlegungen

$$p_0(s) \equiv 0, \qquad \prod_{i=4}^{m+3} p_i(s) \equiv 1.$$

Es gelte $\frac{d}{ds}\Big|_{s=0} F(p(s)) = 0$.
Kann nun $\dot{p}(0) := \frac{d}{ds}\Big|_{s=0} p(s) = 0$ gezeigt werden, so folgt nach Bemerkung 5.2.2

$$\mathrm{Rang}(DF_p) = 1 + 3 + m - 2 = |I| - 2$$

und damit die Behauptung.
Setze $P_{k,s} := \prod_{i \in I_k}(z - p_i(s))$ für $k = 1,2,3$ sowie $P_s := \prod_{i \in I}(z - p_i(s)) = \prod_{k=1}^{3} P_{k,s}$. Durch elementares Nachrechnen zeigt man für $i \in I_k$

$$F_i(p(s)) = \left(c_k^2 \frac{P''_{k,s}}{P'_{k,s}} - c_k c_{k-1} \frac{P'_{k-1,s}}{P_{k-1,s}} - c_k c_{k+1} \frac{P'_{k+1,s}}{P_{k+1,s}} \right)(p_i(s)).$$

Es gilt weiter $\frac{P'_{k,s} P_s}{P_{k,s}}(p_i(s)) \neq 0$, da für $|s|$ klein auch $p(s)$ superregulär ist. Mit $\tilde{F}_i(p(s)) := F_i(p(s)) \cdot \frac{P'_{k,s} P_s}{P_{k,s}}(p_i(s))$ folgt

$$\begin{aligned} \frac{d}{ds}\Big|_{s=0}(\tilde{F}_i(p(s))) &= \frac{d}{ds}\Big|_{s=0} F_i(p(s)) \left(\frac{P'_{k,0} P_0}{P_{k,0}}(p_i(0)) \right) \\ &+ \underbrace{F_i(p(0))}_{=0 \text{ wegen Kräftefreiheit}} \frac{d}{ds}\Big|_{s=0} \left(\frac{P'_{k,s} P_s}{P_{k,s}}(p_i(s)) \right), \end{aligned}$$

und somit ist

$$\frac{d}{ds}\Big|_{s=0} F_i(p(s)) = 0 \Leftrightarrow \frac{d}{ds}\Big|_{s=0} \tilde{F}_i(p(s)) = 0.$$

Sei $\Psi_s(z)$ das gemäß (5.2.1) bzw. (5.2.3) zur Konfiguration $p(s)$ gehörige Polynom.
Man rechnet leicht $\Psi_s(p_i(s)) = \tilde{F}_i(p(s))$ nach. Damit folgt unter den gegebenen Voraussetzungen

$$\frac{d}{ds}\Big|_{s=0} \Psi_s(p_i(s)) = \frac{d}{ds}\Big|_{s=0} \tilde{F}_i(p(s)) = 0.$$

Nach [Tr, S. 111] gilt dann $\Psi(s) = o(s)$, d.h. für die Koeffizienten von $\Psi_s(z) = \sum_{k=0}^{m+2} q_k(s) z^k$ gilt

$$\dot{q}_k(0) = 0.$$

Nach (5.2.4) gilt

$$\begin{aligned}\dot{q}_k(0) &= v(k)\cdot\dot{b}_{k-2}(0)\\ &+v_1(k)\cdot(\dot{a}_2(0)b_{k-1}(0)+a_2(0)\dot{b}_{k-1}(0))\\ &+v_2(k)\cdot(\dot{a}_1(0)b_k(0)+a_1(0)\dot{b}_k(0))\\ &+v_3(k)\cdot(\dot{a}_0(0)b_{k+1}(0)+a_0(0)\dot{b}_{k+1}(0)).\end{aligned}$$

Dabei ist $a_2(0)=y_0, a_1(0)=0, a_0(0)=x_0$ und $b_k(0)=b_k(x_0,y_0)$.
Für $l<0$ oder $l>m$ sind $b_l,\dot{b}_l=0$ zu setzen.
Wegen $v_3(0)=0$, $v_2(0)\neq 0$ folgt aus $0=\dot{q}_0(0)$ sofort $\dot{a}_1(0)=0$.
Analog zum Existenzbeweis erhalten wir die Rückwärts-Rekursion

$$\begin{aligned}\dot{b}_{k-2}(0) &= -\frac{v_1(k)}{v(k)}\Big(\dot{a}_2(0)b_{k-1}(0)+a_2(0)\dot{b}_{k-1}(0)\Big)\\ &\quad-\frac{v_3(k)}{v(k)}\Big(\dot{a}_0(0)b_{k+1}(0)+a_0(0)\dot{b}_{k+1}(0)\Big)\\ &\Leftrightarrow\quad \dot{q}_k(0)=0,\end{aligned} \tag{5.2.8}$$

für $k=m+1,\dots,4$ mit den Startwerten

$$\dot{b}_{m+2}(0)=0=\dot{b}_{m+1}(0),\quad \dot{b}_m(0)=\frac{d}{ds}\Big|_{s=0}1=0.$$

Durch $\dot{q}_2(0)=0$ ist wieder eine Gleichung für $\dot{b}_1(0)$ gegeben, es gilt $\dot{b}_0(0)=0$ nach Normalisierung. Die verbleibenden zwei Bedingungen $\dot{q}_1(0)=0=\dot{q}_3(0)$ sind dann stets zwei homogene lineare Gleichungen in den beiden Unbekannten $\dot{a}_2(0),\dot{a}_0(0)$.
Im Fall $m=7$ ist die eindeutige Lösung $\dot{a}_2(0)=0,\dot{a}_0(0)=0$.[11]
Rekursiv folgt nun auch $\dot{b}_k(0)=0, k=0,\dots,m$ und wir erhalten die Aussage des Lemmas als Konsequenz folgender
Behauptung: Ist $P_s(z):=\prod_{i=1}^n(z-p_i(s))=\sum_{j=0}^n\alpha_j(s)z^j$ *eine Variation von Polynomen mit* $0\equiv\frac{d}{ds}\Big|_{s=0}P_s(z)=\sum_{j=0}^n\dot{\alpha}_j(0)z^j$*, dann gilt für die Nullstellen*

$$\dot{p}_i(0)=0.$$

Beweis: Es ist

$$\begin{aligned}0 &\equiv \frac{d}{ds}\Big|_{s=0}P_s(z)=\sum_{j=0}^n\dot{\alpha}_j(0)z^j\\ &= \frac{d}{ds}\Big|_{s=0}\prod_{i=1}^n(z-p_i(s))=\sum_{i=1}^n\left(-\dot{p}_i(0)\prod_{j=1,j\neq i}^n(z-p_j(0))\right)\end{aligned}$$

das Nullpolynom.

[11] siehe Anhang A.2, Abbildung A.7

Insbesondere gilt für $z = p_{i_0}(0)$ mit $i_0 \in I$ beliebig:

$$0 = -\dot{p}_{i_0}(0) \underbrace{\prod_{j=1, j\neq i_0}^{n} (p_{i_0} - p_j(0))}_{\neq 0}.$$

Es folgt $\dot{p}_{i_0}(0) = 0$. □

Bemerkung 5.2.4. (i) Mit der gleichen Beweistechnik kann man die Existenz von Familien von Minimalflächen der Typen $T(1,3,m)$, $m \in \{8,...,15\}$ zeigen. Dabei ist zu beachten, dass der Nachweis von Superregularität mit Hilfe des Satzes von Jacobi-Borchardt nur für reelle Polynome gelingt.

Zu obigen m gibt es stets reelle Lösungen für den Koeffizienten $x = a_0$, in den Fällen $m \in \{10,12,14\}$ ist aber die zu (5.2.7) korrespondierende Gleichung von der Form $y^m = -r$ mit $r > 0$. Hier gibt es demnach keine reellen Lösungen für den Koeffizienten $y = a_2$, die Polynome P_2, P_3 sind also komplex. Man kann nun numerisch, etwa mit dem Newton-Verfahren, prüfen, dass für diese m die Nullstellen von P_2, P_3, und damit die Halspositionen, paarweise verschieden sind.

Nach (5.2.6) ist für $m \geq 16$ die Gleichung $q_3 = 0$ vom Grad 5 in x und somit im Allgemeinen nicht mehr durch Radikale lösbar. Man ist dann auf numerische Verfahren zur Lösung von zwei polynomiellen Gleichungen in zwei Unbekannten angewiesen.

(ii) Der obige Beweis zeigt auch die Existenz von eingebetteten Minimalflächen vom Typ $T(1,3,m)$ für obige m für generische Halsradien, dann natürlich ohne planares Ende auf Höhe 3.

(iii) Als Nullstellenmengen reeller Polynome sind die hier konstruierten Konfigurationen notwendig spiegelsymmetrisch zur reellen Achse.

5.3 Betrachtungen zu den Endkurven der Minimalflächen vom Typ $T(1,3,m)$

Mit Abschnitt 5.2 ist die Existenz von eingebetteten vollständigen Minimalflächen endlicher Totalkrümmung mit planaren Enden kleinster Ordnung gezeigt. Die dort konstruierte Konfiguration vom Typ $T(1,3,7)$ liefert eine Familie von Minimalflächen mit Geschlecht 8 und 4 Enden; das Ende auf Höhe 3 ist bei Wahl des Parameters $R_3 \equiv Q_3 = 0$ planar und von Ordnung 2. Will man das planare Ende erhalten, so sind die freien Scharparameter $t > 0$ genügend klein und die logarithmische Wachstumsrate R_2 des Endes auf Höhe 2, frei wählbar in einer Umgebung von $Q_2 = -\frac{10}{3}$.
Nach Lemma 3.2.3 sind die zugehörigen Symmetriegruppen frei von Rotationen. Wegen Proposition 4.3.3 können wir die Endkurven des planaren Endes auf Höhe 3 approximieren:

Bis auf vertikale Translation gilt $X_3 : \Sigma \to \mathbb{R}, z \mapsto= \Re \int^z dh$. Im Grenzfall $t = 0, R_2 = Q_2$ ist

$$dh_0 = \sum_{i \in I_3} \frac{-c_3}{z - \overline{p_i}} dz + \sum_{i \in I_2} \frac{c_2}{z - \overline{p_i}} dz \tag{5.3.1}$$

mit $c_2 = \frac{m}{3} = \frac{7}{3}$, $c_3 = 1$, und folglich

$$X_3^0(z) = -c_3 \sum_{i \in I_3} \log(|z - \overline{p_i}|^2) + c_2 \sum_{i \in I_2} \log(|z - \overline{p_i}|^2) + h_{\infty_3}, \tag{5.3.2}$$

falls das planare Ende asymptotisch zu $\{x_3 \equiv h_{\infty_3} \in \mathbb{R}\}$ ist. Die die Endkurven parametrisierende Menge ist im Grenzfall $t = 0$ gegeben durch

$$(X_3^0)^{-1}(h_{\infty_3}) = \left\{ z \in \mathbb{C}_3 \middle|\ 1 = \frac{\prod_{i \in I_2} |z - \overline{p_i}|^{c_2}}{\prod_{i \in I_3} |z - \overline{p_i}|^{c_3}} \right\}. \tag{5.3.3}$$

Nach Satz 4.5.1 (iii) ist für t klein das Bild $X^t(\Sigma \cap \mathbb{C}_3)$ außerhalb kleiner Bereiche um die Taillen der Hälse Graph über $\mathbb{C}_3$. Daher stimmt für t genügend klein jede Endkurve mit ihrer Parametrisierung in $\mathbb{C}_3$-Standardkoordinaten überein und die in (5.3.3) angegebene Menge ist selbst eine gute Approximation der Endkurven.

Um zu prüfen, dass die Endkurven frei von Selbstschnitten sind, reicht es nach Lemma 3.2.1 zu zeigen, dass entlang $(X_3^0)^{-1}(h_{\infty_3})$ keine Nullstellen von dh_0 liegen. Aus Stetigkeitsgründen ist dies dann auch für genügend kleine t und die zugehörigen regulären Flächen der Fall.

Das Zählerpolynom von dh_0 aus (5.3.1) ist vom Grad $|I_3| + |I_2| - 1 = m + 3 - 1$.

Mit Hilfe des Newtonverfahrens für komplexe Polynome können die Nullstellen von dh_0 aus (5.3.1) gut angenähert werden und zumindest numerisch prüft man dann leicht, ob im Grenzfall entlang der Endkurve Nullstellen auftreten.

Dies ist z.B. für die Konfigurationen $T(1,3,7)$ und $T(1,3,8)$ nicht der Fall. Numerische Approximationen der zugehörigen Endkurven zeigen die Abbildung A.1 und A.2 im Anhang.

Es ist bemerkenswert, dass die unbeschränkten Komponenten der Endkurven der Beispiele $T(1,3,8)$ Graphen über der zweiten Koordinatenachse zu sein scheinen.

Nach dem Satz 3.3.1 von Choe und Soret ist dies für *zusammenhängende* Endkurven von planaren Enden vollständiger eingebetteter Minimalflächen endlicher Totalkrümmung ausgeschlossen.

Mit numerischen Hilfsmitteln kann aber die Frage aus [CS, Remark 1] positiv beantwortet werden.

5.4 Numerische Behandlung von Beispielen

Familien von Traizet-Flächen sind auch durch numerische Lösung der durch (5.2.1) gegebenen Koeffizientengleichungen konstruierbar. Die Gleichung (4.2.2) liefert eine notwendige Bedingung an die Halsradien. Für ein Beispiel mit n Hälsen erhält man durch (5.2.1) n nicht-lineare Gleichungen in n

komplexen Veränderlichen, den Limiten der Halspositionen. Normalisiert man Skalierung und Translation durch feste Wahl von zwei Positionen, verbleiben $n-2$ Gleichungen in $n-2$ Variablen.

Für eine kleine Anzahl von Hälsen sind diese numerisch lösbar, etwa mit dem Newton-Verfahren. Zulässig sind dann nur superreguläre Konfigurationen, also solche, deren Halspositionen paarweise verschieden sind.

Wir entwickeln eine praktikable Methode, die Existenz tatsächlicher Lösungen in der Nähe solcher numerischer Approximationen nachzuweisen; das Hauptwerkzeug ist ein Konvergenzsatz für das Newtonverfahren, der eine Existenzaussage trifft, wie z.B.

Satz 5.4.1. [St, Satz 5.3.2, S. 227]
Sei $\nu \in \mathbb{N}$, $U \subset \mathbb{R}^\nu$ offen, $f: U \to \mathbb{R}^\nu$, $U_0 \subset \mathbb{R}^\nu$ konvex mit $\overline{U_0} \subset U$ und $\|\cdot\|$ eine Norm auf $\mathbb{R}^\nu$. Die durch $\|\cdot\|$ induzierte Operatornorm sei mit demselben Symbol notiert.
f sei stetig in U und differenzierbar in U_0. Es gebe für $x_0 \in U_0$ positive Konstanten $\alpha, \beta, \gamma > 0$, so dass gilt:

$$d := \frac{\alpha\beta\gamma}{2} < 1, \tag{5.4.1}$$

$$B_r(x_0) = \{\|x - x_0\| < r\} \subset U_0 \text{ mit } r := \frac{\alpha}{1-d}. \tag{5.4.2}$$

Weiter gelte:

$$\|Df_x - Df_y\| \leq \gamma \|x - y\| \text{ für alle } x, y \in U_0; \tag{5.4.3}$$

$$\text{für alle } x \in U_0 \text{ existiert } (Df_x)^{-1} \text{ mit } \|(Df_x)^{-1}\| \leq \beta; \tag{5.4.4}$$

$$\|(Df_{x_0})^{-1} f(x_0)\| \leq \alpha. \tag{5.4.5}$$

Dann konvergiert die Newton-Iteration

$$x_0, \quad x_{k+1} := x_k - (Df_{x_k})^{-1} f(x_k)$$

mindestens quadratisch und für den Grenzwert $\hat{x} := \lim_{k\to\infty} x_k$ gilt

$$\hat{x} \in \overline{B_r(x_0)} \text{ und } f(\hat{x}) = 0.$$

Der Fehler ist höchstens

$$\|x_k - \hat{x}\| \leq \alpha \cdot \frac{d^{2k-1}}{1 - d^{2k}}. \tag{5.4.6}$$

Tatsächlich ist es unerheblich anzunehmen, dass f eine reelle Abbildung ist; der Beweis gelingt in beliebigen Banach-Räumen.[12]

Ist der Typ $T(n_1, ..., n_{N-1})$[13] einer Konfiguration vorgegeben, so kann man zur Konstruktion von zulässigen Konfigurationen praktisch wie folgt vorgehen:

[12] vgl. hierzu auch z.B. [W, Satz 5.1, S. 108].
[13] siehe Def. 4.2.2

Man wählt Halsradien $c^0 = (c_1^0, ..., c_{N-1}^0)$, so dass $W(c^0) = 0$ in Gleichung (4.2.2) gilt, und verschafft sich dann numerisch eine gute Approximation $(p_1^0, ..., p_n^0) \in \mathbb{C}^n$ einer Lösung der durch (5.2.1) gegebenen Koeffizientengleichungen.
Es bezeichne F die Kraftfunktion aus Definition 4.2.2 (ii); dann ist $F(p^0)$ nahe $0 \in \mathbb{C}^n$.
Nun ist zu prüfen, ob p^0 eine superreguläre[13] Konfiguration definiert und sich weiter zwei Positionen $i_1, i_2 \in I_k$ auf gleicher Höhe $k \in \{1, ..., N-1\}$ derart finden lassen, dass die Jacobi-Matrix von F in p^0 nach Streichen der Zeilen und Spalten i_1, i_2 vollen Rang $n-2$ hat.
Ist dies gegeben, so normalisiert man die Konfiguration durch Festlegung der beiden Positionen $p_{i_1} \equiv p_{i_1}^0, p_{i_2} \equiv p_{i_2}^0$.
Um die Notation einfach zu halten, nehmen wir ohne Einschränkung an, dass $|I_{N-1}| > 1$ gilt und $i_1 = n-1,\ i_2 = n$ die geforderten Eigenschaften haben und betrachten dann

$$\tilde{F} : \mathbb{C}^{n-2} \to \mathbb{C}^{n-2}, \tilde{p} := (\tilde{p}_1, ..., \tilde{p}_{n-2}) \mapsto \left(F_1(\tilde{p}, p_{n-1}^0, p_n^0), ..., F_{n-2}(\tilde{p}, p_{n-1}^0, p_n^0)\right).^{14}$$

Wir schreiben $\tilde{p}^0 := (p_1^0, ..., p_{n-2}^0)$ und setzen

$$C_1 := \|D\tilde{F}_{\tilde{p}^0}\|,\ C_2 := \|(D\tilde{F}_{\tilde{p}^0})^{-1}\|.$$

Weiter berechnet man den Wert $\|\tilde{F}(\tilde{p}^0)\|$.
Falls das Newton-Verfahren konvergent ist, kann bei Wahl von

$$\alpha := \left\|\left(D\tilde{F}_{\tilde{p}^0}\right)^{-1}\left(\tilde{F}(\tilde{p}^0)\right)\right\| \leq \left\|\left(D\tilde{F}_{\tilde{p}^0}\right)^{-1}\right\| \cdot \|\tilde{F}(\tilde{p}^0)\| \tag{5.4.7}$$

die Konstante α für Voraussetzung (5.4.5) durch hinreichend viele Iterationsschritte als beliebig klein angenommen werden.
Im vorliegenden Fall ist $\tilde{F}$ eine glatte Funkion, insbesondere ist $D\tilde{F}$ selbst stetig differenzierbar. Auf einem konvexen Kompaktum K können wir abschätzen:

$$\|D(D\tilde{F})_u\| \leq \max_{v \in K} \|D(D\tilde{F})_v\| =: \gamma \text{ für alle } u \in K, \tag{5.4.8}$$

und aus dem Mittelwertsatz folgt dann

$$\|D\tilde{F}_u - D\tilde{F}_v\| \leq \gamma \|u - v\| \text{ für alle } u, v \in \mathring{K}, \tag{5.4.9}$$

Da $D\tilde{F}$ stetig ist, gibt es $\delta > 0$, so dass

$$\|D\tilde{F}_u - D\tilde{F}_{\tilde{p}^0}\| < \frac{1}{2 \cdot \|(D\tilde{F}_{\tilde{p}^0})^{-1}\|} = \frac{1}{2C_2} \tag{5.4.10}$$

für alle $\|u - \tilde{p}^0\| < \delta$.

[14]vgl. Bemerkung 4.2.2: Gilt $F_1(p) = ... = F_{n-2}(p) = 0$, so folgt aus (4.2.1), (4.2.2) auch $F_{n-1}(p) = -F_n(p) = 0$.

Nach [P, Korollar 4.48, S.69][15] ist dann $D\tilde{F}_u = D\tilde{F}_{\tilde{p}^0} + (D\tilde{F}_u - D\tilde{F}_{\tilde{p}^0})$ invertierbar für alle u mit $\|u - \tilde{p}^0\| < \delta$, und es gilt

$$\|(D\tilde{F}_u)^{-1}\| \leq 2C_2 =: \beta. \tag{5.4.11}$$

Auf die explizite Ermittlung von K, δ und γ für gegebene Beispiele gehen wir in der anschließenden Bemerkung 5.4.1 ein.
Wir wollen Satz 5.4.1 anwenden:
Dazu setzen wir $U_0 = B_\delta(\tilde{p}^0)$ und wählen γ gemäß (5.4.8) für $K = \overline{U_0}$. Die Konstanten α, β, γ legen nach (5.4.1), (5.4.2) die Konstanten r und d fest. Wir können annehmen, dass α so klein ist, dass (5.4.1) und (5.4.2) erfüllt sind. Nach Wahl von α, β, γ gelten (5.4.3), (5.4.4), (5.4.5).
Der Satz garantiert dann die Existenz einer kräftefreien nicht-degenerierten Konfiguration nahe der numerischen Näherungslösung.

Bemerkung 5.4.1. Ist eine approximierte Lösung $\tilde{p}^0$ zu einer Konfiguration mit Daten N, I und $c^0 = (c_1^0, ..., c_{N-1}^0)$ mit $W(c^0) = 0$ gegeben, so sind die Konstanten α und β direkt berechenbar.
Für (5.4.8), (5.4.9), (5.4.10) zulässige Konstanten $\gamma > 0$ und $\delta > 0$ können konkret wie folgt ermittelt werden:
Bezeichne

$$\|\cdot\|_1 : A \to \|A\|_1 := \max_{j=1,..,m} \sum_{k=1}^{m} |a_{kj}|$$

die Spaltensummennorm einer quadratischen, komplexen $(m \times m)$-Matrix $A = (a_{kj})$. Diese ist gerade durch die Summen-Vektornorm $\|\cdot\|_1$ induziert und folglich submultiplikativ.
In Bezug auf (5.4.9) schätzen wir nun $\|D\tilde{F}_u - D\tilde{F}_v\|_1$ für u, v aus einer geeigneten Teilmenge von $\mathbb{C}^{n-2}$ ab.
Berechne dazu

$$\begin{aligned} d_m &:= \min_{i \neq j} |\tilde{p}_i^0 - \tilde{p}_j^0| \neq 0, \quad \|\tilde{p}\|_\infty = \max_{j \in \{1,...,n-2\}} |\tilde{p}_j^0| \quad \text{und} \\ \hat{c} &:= \max_{k \in \{1,..,N-1\}} c_k^0, \end{aligned} \tag{5.4.12}$$

und setze

$$B_\delta(\tilde{p}^0) := \left\{ u \in \mathbb{C}^{n-2} | \ \|u - \tilde{p}^0\|_1 < \delta := \frac{d_m}{\lambda} \right\} \tag{5.4.13}$$

mit einer noch zu bestimmenden Zahl $\lambda \in \mathbb{R}_{>0}$.

[15] Auch diese Aussage überträgt sich auf den komplexen Fall; das im Beweis von [P, Lemma 4.48] verwendete Lemma [P, Lemma 4.47] bleibt nach [OR, § 2.3, S. 45, NR 2.3-1, S. 50] gültig.

Für $i \in I_k \setminus \{n-1,n\}$ und $j \in I \setminus \{n-1,n\}$ ist

$$\partial_j \tilde{F}_i(u) = \begin{cases} \sum_{l\in I_k\setminus\{i\}} \frac{-2(c_k^0)^2}{(u_i-u_l)^2} + \sum_{l\in I_{k-1}} \frac{c_k^0 c_{k-1}^0}{(u_i-u_l)^2} + \sum_{l\in I_{k+1}} \frac{c_k^0 c_{k+1}^0}{(u_i-u_l)^2}, & j=i \\ \frac{2(c_k^0)^2}{(u_i-u_j)^2}, & j \in I_k\setminus\{i\} \\ \frac{-c_k^0 c_{k-1}^0}{(u_i-u_j)^2}, & j \in I_{k-1} \\ \frac{-c_k^0 c_{k+1}^0}{(u_i-u_j)^2}, & j \in I_{k+1} \\ 0, & \text{sonst} \end{cases} .$$

Seien $u,v \in B_\delta(\tilde{p}^0)$. Dann gilt

$$|u_i-u_j|, |v_i-v_j| \geq d_m\left(1-\frac{2}{\lambda}\right) \text{ für alle } i \neq j \text{ und } \|u_i\|_\infty, \|v_i\|_\infty < \|\tilde{p}^0\|_\infty + \frac{d_m}{\lambda},$$

und es kann elementar abgeschätzt werden:

$$\left|\frac{1}{(u_i-u_j)^2} - \frac{1}{(v_i-v_j)^2}\right| \leq \frac{4(\|\tilde{p}^0\|_\infty + \frac{d_m}{\lambda})}{d_m^4(1-\frac{2}{\lambda})^4}\|u-v\|_1 =: \tilde{\gamma}(\lambda)\|u-v\|_1. \tag{5.4.14}$$

Für $\lambda \geq 64$ ist $\tilde{\gamma}(\lambda) \leq \left(\frac{32}{31}\right)^4 \frac{(4\|\tilde{p}^0\|_\infty + \frac{d_m}{16})}{d_m^4} =: \tilde{\gamma}$.[16]
Für die Diagonaleinträge der Jacobi-Matrix $D\tilde{F}_u - D\tilde{F}_v$ gilt damit

$$|\partial_i \tilde{F}_i(u) - \partial_i \tilde{F}_i(v)| \leq 2\hat{c}^2((n_k-1)+n_{k-1}+n_{k+1})\cdot\tilde{\gamma}\|u-v\|_1,$$

falls $i \in I_k$.
Für jeden weiteren Eintrag einer Zeile i mit $l(i)=k$ gilt

$$|\partial_j \tilde{F}_i(u) - \partial_j \tilde{F}_i(v)| \leq 2\hat{c}^2 \cdot \tilde{\gamma}\|u-v\|_1, \quad i \neq j,$$

und es gibt in jeder Zeile höchstens

$$\hat{n} := \max_{k\in\{1,\ldots,N-1\}} \{n_k - 1 + n_{k-1} + n_{k+1}\} < n = |I|$$

nicht verschwindende Einträge abseits der Diagonalen.
Da $D\tilde{F}_u$ symmetrisch ist, gilt insgesamt für die Spaltensummennorm

$$\|D\tilde{F}_u - D\tilde{F}_v\|_1 \leq 4\hat{c}^2\hat{n}\tilde{\gamma}\cdot\|u-v\|_1 =: \gamma\|u-v\|_1. \tag{5.4.15}$$

[16]Die Wahl $\lambda \geq 64$ ist willkürlich, erweist sich im Fall des Existenznachweises von $T(1,4,6)$ aber als geeignet, siehe Anhang. Wegen (5.4.2) darf λ für praktische Anwendungen nicht beliebig groß gewählt werden.

Für alle $u \in B_\delta(\tilde{p}^0) \subset \mathbb{C}^{n-2}$ ist nach (5.4.15) insbesondere

$$\|D\tilde{F}_u - D\tilde{F}_{\tilde{p}^0}\|_1 \leq \gamma\|u - \tilde{p}^0\|_1^{\mathbb{C}} \leq \gamma\delta = \gamma\frac{d_m}{\lambda}.$$

Wählt man also $\lambda = \max\{\beta\gamma d_m, 64\}$, so sind (5.4.9) und (5.4.10) auf $B_\delta(\tilde{p}^0)$ gültig, so dass auch (5.4.11) folgt.
Damit sind γ und δ direkt aus der approximierten Konfiguration berechenbar.
Ist $\lambda = \beta\gamma d_m$, so sind (5.4.1) und (5.4.2) gegeben, falls $\alpha < \frac{2}{3\beta\gamma}$; sonst ist $\lambda = 64$, und (5.4.1), (5.4.2) gelten, falls $\alpha < \frac{2}{3} \cdot \frac{d_m}{64} = \frac{d_m}{96}$.

Wir behalten die Wahl der Konstanten α, β, γ sowie d_m und λ bei und fassen zusammen:

Korollar 5.4.2. *Gegeben sei eine superreguläre nicht-degenerierte Konfiguration* (N, I, p^0, c^0, l). *Das Differential der Abbildung* $\mathbb{R}^{N-1} \to \mathbb{R},\ c \mapsto W(c)$ *aus* (4.2.2) *habe in* $c = c^0$ *Rang* 1.
Es gebe weiter $k \in \{1, ..., N-1\}$ *und* $i_1, i_2 \in I_k$ *derart, dass die Jacobi-Matrix der zur Konfiguration gehörigen Kraftfunktion nach Streichen der Zeilen und Spalten* i_1 *und* i_2 *invertierbar ist.*
Gilt $\alpha < \min\{\frac{2}{3\beta\gamma}, \frac{d_m}{96}\}$, *so gibt es*

$$\hat{p}^0 \in B_\delta(p^0) := \left\{ \|u - p^0\|_1 < \delta := \frac{d_m}{\lambda} \right\}, \tag{5.4.16}$$

so dass die Konfiguration $(N, I, \hat{p}^0, c^0, l)$ *superregulär, nicht-degeneriert und* kräftefrei *und damit für* Satz 4.3.1 *zulässig ist.*

Im folgenden Abschnitt bzw. im Anhang ist eine beispielhafte Anwendung von Korollar 5.4.2 zu finden.

5.5 Einfache Beispiele mit planarem Ende ohne Symmetrien

Mit der oben beschriebenen Methode weist man z.B. die Existenz von Familien von Traizet-Flächen der Typen $T(1,4,5)$, $T(1,4,6)$, $T(1,4,7)$ nach. Diese Beispiele besitzen jeweils ein planares Ende kleinstmöglicher Ordnung 2 auf Höhe 3.
Abbildungen der Limespositionen der Hälse der beiden erstgenannten Beispiele sind im Anhang zu finden; außerdem wird dort exemplarisch für den Typ $T(1,4,6)$ die in Abschnitt 5.4 beschriebene Vorgehensweise konkret und erfolgreich durchgeführt.[17]
Damit ist gezeigt, dass es eine tatsächlich zulässige Konfiguration dieses Typs in der Nähe der (rechnergestützten) Approximation gibt, und wir erhalten einen Existenzbeweis für das in [Tr, S. 114] vorgestellte Beipiel. Da die approximierte Konfiguration offensichtlich keine nicht-trivialen Symmetrien besitzt, kann nun aufgrund von (5.4.16) und der Größe der Konstanten $\alpha, \beta, \gamma, \delta$ bestätigt werden, dass dies auch für die tatsächlich kräftefreie Konfiguration gilt.

[17] siehe Anhang A.2, Abbildungen A.9 - A.12

Für die im Anhang angegebene Näherungslösung ist Gleichung (4.4.2) erfüllt; aus (5.4.16) folgt ebenso, dass (4.4.2) auch für die tatsächliche Lösung richtig bleibt, die Konfiguration also zu Flächen mit planaren Enden der Ordnung 2 führt.
Es gibt somit vollständige eingebettete Minimalflächen endlicher Totalkrümmung mit planarem Ende ohne nicht-triviale Symmetrien.

Anhang A

A.1 Numerische Approximationen einiger Konfigurationen und Endkurven

Die nachstehenden Plots wurden mit Hilfe der Funktion „implicitplot" des mathematischen Anwendersystems MAPLE 10 erstellt. Diese interpoliert die durch Gleichung (5.3.3) implizit gegebenen Kurven.
Der Kringel zeigt jeweils die Limesposition des Halses auf Höhe 1 (den Nullpunkt), die Kreuze bzw. Punkte die Limiten der Halspositionen auf den Höhen 2 bzw. 3.

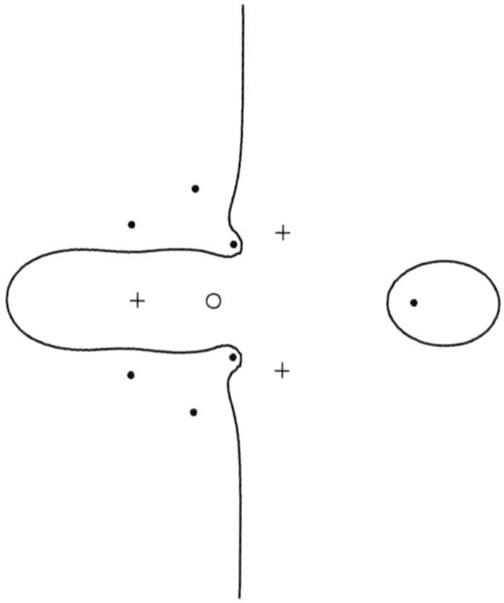

Abbildung A.1: Approximation der Endkurve für die Beispiele vom Typ $T(1,3,7)$

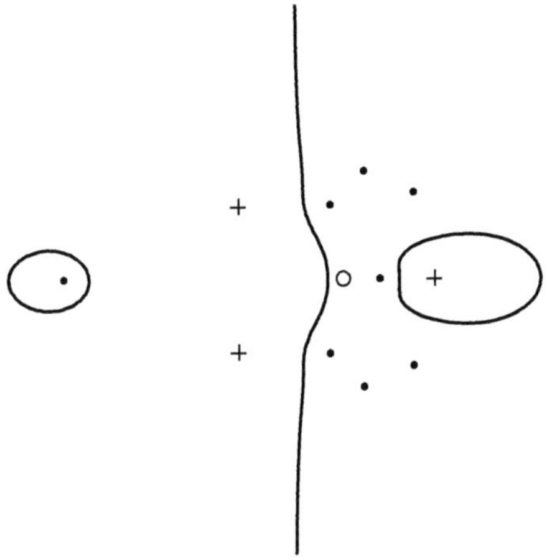

Abbildung A.2: Approximation der Endkurve für die Beispiele vom Typ $T(1,3,8)$

Abbildung A.3: Die Limesposition von $T(1,4,5)$. Die Halsradien sind $c^0 = \left(\frac{11}{4}, \frac{5}{4}, 1\right)$, die logarithmischen Wachstumsraten $Q^0 = \left(-\frac{11}{4}, -\frac{9}{4}, 0, 5\right)$.

A.2 Rechnungen zu Kapitel 5

Dieser Abschnitt enthält die konkreten Rechnungen, die in Satz 5.2.2 durchgeführt werden, um die Existenz einer zulässigen 3-2-planaren Konfiguration vom Typ $T(1,3,7)$ zu beweisen. Es sei noch-

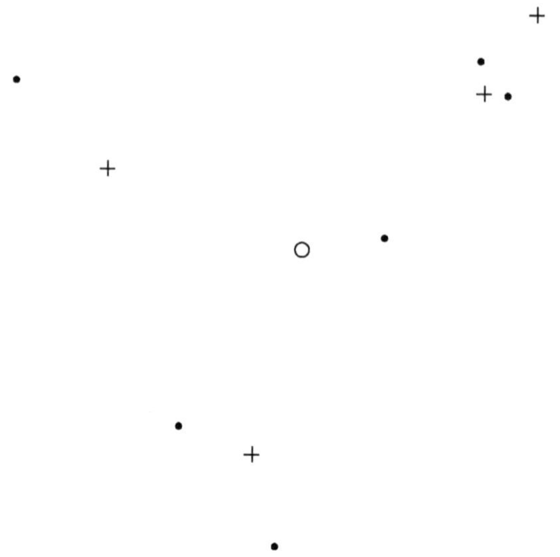

Abbildung A.4: Die Limesposition von $T(1,4,6)$. Die Halsradien sind $c^0 = \left(\frac{7}{3}, 1, \frac{2}{3}\right)$, die logarithmischen Wachstumsraten $Q^0 = \left(-\frac{7}{3}, -\frac{5}{3}, 0, 2\right)$.

mals betont, dass es möglich ist, diese Schritte alle ohne Verwendung eines Computers vorzunehmen, auch wenn dies einen erheblichen Zeitaufwand bedeutete. Insbesondere wird hier keine numerische Approximation benötigt. Auf dem Rechner werden reelle Zahlen natürlich als Gleitkommazahlen vom Typ „float“ dargestellt.
Anschließend wird die Anwendung von Korollar 5.4.2 auf den Beispieltyp $T(1,4,6)$ ausgeführt.
In einem MAPLE-Arbeitsdokument leitet das Zeichen „#“ einen Kommentar ein.

> # ***Zu Abschnitt 5.2*** *(Maple10 Worksheet)*

>

> $\# \; I_1 := \{0\},\; I_2 := \{1,2,3\},\; I_3 := \{4,..,m+3\}$

> $\# \; P2 = (z-p1)\cdot(z-p2)\cdot(z-p3) := z^3 + y\cdot z^2 + 0\cdot z + x \;\; mit \;\; a_2 := y,\; a_1 := x$

> $m := 7:$

> $c2 := \frac{m}{3}:$

>

> $v := k \rightarrow (k-2)\cdot(k-3-3\cdot c2) + m\cdot(3\cdot c2 - m + 1):$

> $v1 := k \rightarrow (k-1)\cdot(k-2-2\cdot c2) + 2\cdot m\cdot c2 - 2\cdot (c2)^2 - \frac{2}{3}\cdot m\cdot(m-1):$

> $v3 := k \rightarrow k\cdot(k+1):$

>

> # ***Rückwärtsrekursion***

> $b := array(0..m+3):$

> $b[m+3] := 0:$

> $b[m+2] := 0:$

> $b[m+1] := 0:$

> $b[m] := 1:$

>

> $for \;\; t \;\; from \;\; 1 \;\; to \;\; m-2 \;\; do \;\; b[m-t] := simplify\left(\frac{-1}{v(m+2-t)}\cdot(v1(m+2-t)\cdot b[m+1-t]\cdot y + v3(m+2-t)\cdot b[m+3-t]\cdot x)\right) \;\; end \;\; do:$

> $b[0] := -1:$ # *Festlegung der Skalierung*

> $b[1] := simplify\left(\frac{v(2)}{y\cdot v1(2)} - \frac{v3(2)}{y\cdot v1(2)}\cdot b[3]\cdot x\right):$ # <=> $q[2]=0$

>

> # ***Die Koeffizienten der Gleichung*** (5.2.3)

> $q := array(0..m+2):$

> $for \;\; t \;\; from \;\; 0 \;\; to \;\; m \;\; do \;\; q[m+2-t] := simplify(v(m+2-t)\cdot b[m-t] + v1(m+2-t)\cdot b[m+1-t]\cdot y + v3(m+2-t)\cdot b[m+3-t]\cdot x) \;\; end \;\; do:$

> $q[1] := simplify\left(-\left(2\cdot m\cdot c2 - 2\cdot c2^2 - \frac{2}{3}\cdot m\cdot(m-1)\right)\cdot y + 2\cdot b[2]\cdot x\right):$

> $q[0] := 0:$ # *ist erfüllt, da der Koeffizient a_1 in P2 gleich null gesetzt wird*

> $q[1];$

$$\frac{56}{9}\,y + \frac{42457856}{13286025}\,x\,y^5 + \frac{32648}{1215}\,y^2 x^2 \qquad (1)$$

> $q[3];$

$$-\frac{2589929216}{119574225}\,y^6 - \frac{648592}{3645}\,y^3 x + 56\,x^2 \qquad (2)$$

Abbildung A.5: Rechnungen zu Satz 5.2.2

```
> # Lösung der Gleichungen q[1]=0=q[3]:
>
> Xy := solve(q[3]=0, x);
```

$$Xy := \frac{2}{10935}\left(\frac{17373}{2}+\frac{13}{2}\sqrt{2059585}\right)y^3, \frac{2}{10935}\left(\frac{17373}{2}-\frac{13}{2}\sqrt{2059585}\right)y^3 \quad (3)$$

```
> q[1] := simplify(subs(x=Xy[1], q[1]));
```

$$q_1 := \frac{56}{9}y+\frac{878210460176}{5811307335}y^8+\frac{15298988432}{145282683375}y^8\sqrt{2059585} \quad (4)$$

```
> NSTq1 := fsolve(q[1]=0, y, complex):   # NST sind 0 und skalierte siebte Einheitswurzeln
> y := NSTq1[1]:
```

$$> x := \frac{2}{10935}\left(\frac{17373}{2}+\frac{13}{2}\sqrt{2059585}\right)y^3:$$

```
>
> # Probe : Einsetzen in die Koeffizienten q_k
>
> for t from 1 to m+2 do q[t] := evalf(subs(x=x, y=y, q[t])) end do:
> print(q);
```

$$ARRAY\left([0..9], \left[(0)=0, (1)=2.\,10^{-9}, (2)=0., (3)=0., (4)=0., (5)=0., (6)=0., (7)=0., (8)=0., (9)=0.\right]\right) \quad (5)$$

```
>
> # Berechnung der Koeffizienten von P_3:
>
> for t from 1 to m do b[t] := evalf(subs(x=x, y=y, b[t])) end do:
>
> # Die Level- Polynome
>
> P3 := sum(b[n]·z^n, n=0..7);
```

$$P3 := -1-0.029069813\,z-2.863569354\,z^2-1.918618820\,z^3-2.977391642\,z^4-0.1082837810\,z^5-0.3572966256\,z^6+1.\,z^7 \quad (6)$$

```
> P2 := z^3 + y·z^2 - evalf(x);
```

$$P2 := z^3-0.5742267197\,z^2+0.6238658497 \quad (7)$$

Abbildung A.6: Rechnungen zu Satz 5.2.2

```
> # Zur Nichtdegeneriertheit
>
> # Ableitungsrekursion,
> # Schreibe a_2'(0) = y'(0) = dy,    a_0'(0) = x'(0) = dx
>
> db := array(0..m + 3):
>
> db[m + 3] := 0:      # Initialwerte
> db[m + 2] := 0:
> db[m + 1] := 0:
> db[m] := 0:
>
> for t from 1 to m − 2 do db[m − t] := simplify((−1/(v(m + 2 − t))) · (v1(m
    + 2 − t) · (dy · b[m + 1 − t] + y · db[m + 1 − t]) + v3(m + 2 − t) · (dx · b[m + 3 − t]
    + x · db[m + 3 − t]))) end do:
> db[0] := 0:
> db[1] := simplify((−dy/y) · b[1] − v3(2)/(v1(2) · y) · (dx · b[3] + x · db[3])):
>
> dq := array(0..m + 3):
>
> for t from 2 to m + 2 do dq[t] := simplify(v(t) · db[t − 2] + v1(t) · (dy · b[t − 1]
    + y · db[t − 1]) + v3(t) · (dx · b[t + 1] + x · db[t + 1])) end do:
> dq[0] := 0:
> dq[1] := simplify(v1(1) · dy + v3(1) · (dx · b[2] + x · db[2])):
> dq[1];
                    −19.31695962 dy − 11.25476038 dx                    (8)
> dq[3];
                     117.9265816 dy − 36.18117267 dx                    (9)
>
> solve({dq[1] = 0, dq[3] = 0}, {dy, dx});
                          {dx = 0., dy = 0.}                            (10)
>
> # Die Spaltenvektoren der zu dem Gleichungssystem gehörigen Matrix zeigen
> # offensichtlich in verschiedene Richtungen der y − Achse.
> # Die eindeutige Lösung, für die alle q'(0) = 0 sind, ist y'(0) = 0, x'(0) = 0.
> # Es folgt, da die NST einfach sind: p_i(s) = p_i(0) + o(s).
```

Abbildung A.7: Rechnungen zu Satz 5.2.2

```
> # Zu Bemerkung 5.2.3
> # Anwendung des Satzes von Jacobi−Borchardt
> n := 10 :     #   Grad von P2 · P3
> P := P2· P3 :
>                     # Seien k0,..., k10 die Koeffizienten des Polynoms P
> k := array[0 ..n] :
> for i from 0 to n do k[i] := coeff(P, z, i) end do :
>
> # Berechnung der Summen der m. Potenzen der Nullstellen von P
> # mit Newton− Rekursion :
> S := array[0 ..2 · n − 2] :
> S[0] := n :
>
> for i from 1 to n do S[i] := − (sum(S[i−j]· k[j], j=1 ..i) + i · k[i]) end do :
> for i from n + 1 to 2 · n − 2 do S[i] :=− (sum(S[i−j]· k[j], j=1 ..n)) end do :
>
> with(LinearAlgebra) :
>
> A := Matrix( [ [S[0], S[1], S[2], S[3], S[4], S[5], S[6], S[7], S[8], S[9]],
      [S[1], S[2], S[3], S[4], S[5], S[6], S[7], S[8], S[9], S[10]],
      [S[2],   S[3], S[4], S[5], S[6], S[7], S[8], S[9], S[10], S[11]],
      [ S[3], S[4], S[5], S[6], S[7], S[8], S[9], S[10], S[11], S[12]],
      [S[4], S[5], S[6], S[7], S[8], S[9], S[10], S[11], S[12], S[13]],
      [S[5], S[6], S[7], S[8], S[9], S[10], S[11], S[12], S[13], S[14]],
      [ S[6], S[7], S[8], S[9], S[10], S[11], S[12], S[13], S[14], S[15]],
      [S[7], S[8], S[9], S[10], S[11], S[12], S[13], S[14], S[15], S[16]],
      [S[8], S[9], S[10], S[11], S[12], S[13], S[14], S[15], S[16], S[17]],
      [ S[9], S[10], S[11], S[12], S[13], S[14], S[15], S[16], S[17], S[18]]]) :
>
> Rank(A);
                                   10                                    (11)
>
>
```

Abbildung A.8: Zu Bemerkung 5.2.3

```
>
> # NUMERISCHE BEHANDLUNG VON T(1, 4, 6)
>
> n := 11 :     # Anzahl  Hälse
> N := 4 :      # Anzahl  Enden
> n[1] := 1 :   # Anzahl Punkte auf Höhe 1
> n[2] := 4 :   # Anzahl Punkte auf Höhe 2
> n[3] := 6 :   # Anzahl Punkte auf Höhe 3
>
```

$> \; c_1 := \frac{7}{3} :$ # *Halsradien*

$> \; c_2 := 1 :$ # $c_{max}{}^2 = \frac{49}{9}$

$> \; c_3 := \frac{2}{3} :$

\> # *Die Kraftfunktionen*

\>

$> \; F_0 := \left(-c_1\right) \cdot c_2 \cdot \left(\frac{1}{x_0 - x_1} + \frac{1}{x_0 - x_2} + \frac{1}{x_0 - x_3} + \frac{1}{x_0 - x_4}\right):$

\>

$$> \; F_1 := 2 \cdot \left(c_2\right)^2 \cdot \left(\frac{1}{x_1 - x_2} + \frac{1}{x_1 - x_3} + \frac{1}{x_1 - x_4}\right) - c_2 \cdot c_3 \cdot \left(\frac{1}{x_1 - x_5} + \frac{1}{x_1 - x_6} + \frac{1}{x_1 - x_7} + \frac{1}{x_1 - x_8} + \frac{1}{x_1 - x_9} + \frac{1}{x_1 - x_{10}}\right) - c_2 \cdot c_1 \cdot \frac{1}{x_1 - x_0} :$$

$$> \; F_2 := 2 \cdot \left(c_2\right)^2 \cdot \left(\frac{1}{x_2 - x_1} + \frac{1}{x_2 - x_3} + \frac{1}{x_2 - x_4}\right) - c_2 \cdot c_3 \cdot \left(\frac{1}{x_2 - x_5} + \frac{1}{x_2 - x_6} + \frac{1}{x_2 - x_7} + \frac{1}{x_2 - x_8} + \frac{1}{x_2 - x_9} + \frac{1}{x_2 - x_{10}}\right) - c_2 \cdot c_1 \cdot \frac{1}{x_2 - x_0} :$$

$$> \; F_3 := 2 \cdot \left(c_2\right)^2 \cdot \left(\frac{1}{x_3 - x_1} + \frac{1}{x_3 - x_2} + \frac{1}{x_3 - x_4}\right) - c_2 \cdot c_3 \cdot \left(\frac{1}{x_3 - x_5} + \frac{1}{x_3 - x_6} + \frac{1}{x_3 - x_7} + \frac{1}{x_3 - x_8} + \frac{1}{x_3 - x_9} + \frac{1}{x_3 - x_{10}}\right) - c_2 \cdot c_1 \cdot \frac{1}{x_3 - x_0} :$$

$$> \; F_4 := 2 \cdot \left(c_2\right)^2 \cdot \left(\frac{1}{x_4 - x_1} + \frac{1}{x_4 - x_2} + \frac{1}{x_4 - x_3}\right) - c_2 \cdot c_3 \cdot \left(\frac{1}{x_4 - x_5} + \frac{1}{x_4 - x_6} + \frac{1}{x_4 - x_7} + \frac{1}{x_4 - x_8} + \frac{1}{x_4 - x_9} + \frac{1}{x_4 - x_{10}}\right) - c_2 \cdot c_1 \cdot \frac{1}{x_4 - x_0} :$$

\>

$$> \; F_5 := 2 \cdot \left(c_3\right)^2 \cdot \left(\frac{1}{x_5 - x_6} + \frac{1}{x_5 - x_7} + \frac{1}{x_5 - x_8} + \frac{1}{x_5 - x_9} + \frac{1}{x_5 - x_{10}}\right) - c_2 \cdot c_3 \cdot \left(\frac{1}{x_5 - x_1} + \frac{1}{x_5 - x_2} + \frac{1}{x_5 - x_3} + \frac{1}{x_5 - x_4}\right):$$

Abbildung A.9: Numerische Behandlung von $T(1,4,6)$

> $F_6 := 2\cdot(c_3)^2\cdot\left(\frac{1}{x_6-x_5}+\frac{1}{x_6-x_7}+\frac{1}{x_6-x_8}+\frac{1}{x_6-x_9}+\frac{1}{x_6-x_{10}}\right) - c_2\cdot c_3\cdot\left(\frac{1}{x_6-x_1}+\frac{1}{x_6-x_2}+\frac{1}{x_6-x_3}+\frac{1}{x_6-x_4}\right):$

> $F_7 := 2\cdot(c_3)^2\cdot\left(\frac{1}{x_7-x_5}+\frac{1}{x_7-x_6}+\frac{1}{x_7-x_8}+\frac{1}{x_7-x_9}+\frac{1}{x_7-x_{10}}\right) - c_2\cdot c_3\cdot\left(\frac{1}{x_7-x_1}+\frac{1}{x_7-x_2}+\frac{1}{x_7-x_3}+\frac{1}{x_7-x_4}\right):$

> $F_8 := 2\cdot(c_3)^2\cdot\left(\frac{1}{x_8-x_5}+\frac{1}{x_8-x_6}+\frac{1}{x_8-x_7}+\frac{1}{x_8-x_9}+\frac{1}{x_8-x_{10}}\right) - c_2\cdot c_3\cdot\left(\frac{1}{x_8-x_1}+\frac{1}{x_8-x_2}+\frac{1}{x_8-x_3}+\frac{1}{x_8-x_4}\right):$

> $F_9 := 2\cdot(c_3)^2\cdot\left(\frac{1}{x_9-x_5}+\frac{1}{x_9-x_6}+\frac{1}{x_9-x_7}+\frac{1}{x_9-x_8}+\frac{1}{x_9-x_{10}}\right) - c_2\cdot c_3\cdot\left(\frac{1}{x_9-x_1}+\frac{1}{x_9-x_2}+\frac{1}{x_9-x_3}+\frac{1}{x_9-x_4}\right):$

> $F_{10} := 2\cdot(c_3)^2\cdot\left(\frac{1}{x_{10}-x_5}+\frac{1}{x_{10}-x_6}+\frac{1}{x_{10}-x_7}+\frac{1}{x_{10}-x_8}+\frac{1}{x_{10}-x_9}\right) - c_2\cdot c_3\cdot\left(\frac{1}{x_{10}-x_1}+\frac{1}{x_{10}-x_2}+\frac{1}{x_{10}-x_3}+\frac{1}{x_{10}-x_4}\right):$

>

> # **Die Maple−Approximation der T(1, 4, 6)−Konfiguration**

>

> $p_0 := 0.:$

> $p_1 := 0.9321309375 + 0.5969216866\,\mathrm{I}:$

> $p_2 := -1.003423947 + 0.3043129301\,\mathrm{I}:$

> $p_3 := -0.2553229089 - 0.7760246437\,\mathrm{I}:$

> $p_4 := 1.202002759 + 0.8969122240\,\mathrm{I}:$

> $p_5 := 1.054573125 + 0.5868726792\,\mathrm{I}:$

> $p_6 := -0.1343876395 - 1.125649714\,\mathrm{I}:$

> $p_7 := -0.6266833937 - 0.6708448047\,\mathrm{I}:$

> $p_8 := -1.469716200 + 0.6379054609\,\mathrm{I}:$

> $p_9 := 0.4246809854 + 0.04565029054\,\mathrm{I}:$

> $p_{10} := 0.9156681551 + 0.7177140000\,\mathrm{I}:$

> # *Prüfung von* (4.4.2)

> $abs\left(c_2\cdot(p_1+p_2+p_3+p_4) - c_3\cdot(p_5+p_6+p_7+p_8+p_9+p_{10})\right);$

1.177528924 (1)

> *with*(*LinearAlgebra*) :

> # **Streichen der Zeilen und Spalten 5 und 10 der Jacobi−Matrix**

Abbildung A.10: Numerische Behandlung von $T(1,4,6)$

```
>
> f:= array(0..10):
> for t in 0, 1, 2, 3, 4, 6, 7, 8, 9 do f[t]
      := subs({x0=p0, x1=p1, x2=p2, x3=p3, x4=p4, x5=p5, x6=p6, x7=p7, x8=p8, x9=p9,
      x10=p10}, F_t) end do:
>
> force := Matrix([[f0, f1, f2, f3, f4, f6, f7, f8, f9]]);
```

$$force := \left[[0. - 8.\ 10^{-10}\,I,\ -2.1\ 10^{-8} + 1.1\ 10^{-8}\,I,\ 1.\ 10^{-9} - 5.\ 10^{-10}\,I,\ 0. + 0.\,I,\ 5.\ 10^{-9} + 4.8\ 10^{-9}\,I,\ -2.\ 10^{-10} + 1.1\ 10^{-9}\,I,\ -6.\ 10^{-10} - 1.\ 10^{-10}\,I,\ -2.\ 10^{-10} + 7.5\ 10^{-10}\,I,\ -1.\ 10^{-10} + 4.\ 10^{-10}\,I] \right] \quad (2)$$

```
>
> for t from 0 to 8 do z_t := [0, 0, 0, 0, 0, 0, 0, 0, 0] end do: # z_t bezeichnet die Zeile t der
      Ableitung der Kraftfunktion
>
> for r from 0 to 4 do for t from 1 to 5 do z_r[t] :=
      subs({x0=p0, x1=p1, x2=p2, x3=p3, x4=p4, x5=p5, x6=p6, x7=p7, x8=p8, x9=p9, x10
      =p10}, diff(F_r, x_(t-1))) end do end do:
> for r from 0 to 4 do for t from 6 to 9 do z_r[t] :=
      subs({x0=p0, x1=p1, x2=p2, x3=p3, x4=p4, x5=p5, x6=p6, x7=p7, x8=p8, x9=p9, x10
      =p10}, diff(F_r, x_t)) end do end do:
> for r from 6 to 9 do for t from 1 to 5 do z_(r-1)[t] :=
      subs({x0=p0, x1=p1, x2=p2, x3=p3, x4=p4, x5=p5, x6=p6, x7=p7, x8=p8, x9=p9, x10
      =p10}, diff(F_r, x_(t-1))) end do end do:
> for r from 6 to 9 do for t from 6 to 9 do z_(r-1)[t] :=
      subs({x0=p0, x1=p1, x2=p2, x3=p3, x4=p4, x5=p5, x6=p6, x7=p7, x8=p8, x9=p9, x10
      =p10}, diff(F_r, x_t)) end do end do:
>
> W:= Matrix([z0, z1, z2, z3, z4, z5, z6, z7, z8]): # W=Jacobi-Matrix der Kraftfunktion
>                                          # nach Streichen der Zeilen und Spalten 5 und 10
>
> Rank(W);                                 # W hat vollen Rang
                                 9                                            (3)
> V := MatrixInverse(W):                   # MatrixNorm berechnet die ∞ - Norm;
>                                          # da mit W auch V symmetrisch ist,
>                                          # stimmt diese mit der 1 - Norm überein
> MatrixNorm(V);
                         39.2483014162990785                                  (4)
> A := V.Transpose(force);
```

Abbildung A.11: Numerische Behandlung von $T(1,4,6)$

$$A := \begin{bmatrix} 8.51237202594955399\ 10^{-9} + 7.05549004732551232\ 10^{-10}\,\mathrm{I} \\ 1.05096732654218858\ 10^{-10} + 4.13568617766616280\ 10^{-10}\,\mathrm{I} \\ 1.38433055769509946\ 10^{-8} - 4.10605379510906661\ 10^{-9}\,\mathrm{I} \\ 1.27405969227852328\ 10^{-8} + 4.28657159061870614\ 10^{-9}\,\mathrm{I} \\ 6.00410126809654186\ 10^{-10} - 3.79050008183633582\ 10^{-10}\,\mathrm{I} \\ 1.34549351197411348\ 10^{-8} + 6.67130187299499412\ 10^{-9}\,\mathrm{I} \\ 1.43909514727130362\ 10^{-8} + 2.06906258279223606\ 10^{-9}\,\mathrm{I} \\ 1.60637096817405927\ 10^{-8} - 7.24091246199930151\ 10^{-9}\,\mathrm{I} \\ 5.43271262522876296\ 10^{-9} + 1.17412261353291436\ 10^{-9}\,\mathrm{I} \end{bmatrix} \quad (5)$$

$> \alpha := 0 :$

$> for\ t\ from\ 1\ to\ 9\ do\ \alpha := \alpha + abs(A[t, 1])\ end\ do :$

$> \alpha;$

$$9.029549321\ 10^{-8} \quad (6)$$

$> \beta := 2 \cdot MatrixNorm(V);$

$$\beta := 78.49660284 \quad (7)$$

$> dm := 1000 :$ # *Bestimmung des minimalen Abstands zwischen zwei verschiedenen* p_j

$> for\ t\ in\ 0, 1, 2, 3, 4, 6, 7, 8, 9$
$do\ for\ r\ in\ 0, 1, 2, 3, 4, 6, 7, 8, 9\ do\ if\ abs(t - r) > 0\ then\ if\ abs(p_t - p_r) < dm$
$then\ dm := abs(p_t - p_r)\ end\ if\ end\ if\ end\ do\ end\ do :$

$> dm;$ # *Minimaler Abstand bei* $|p_3 - p_6| = dm$

$$0.3699500360 \quad (8)$$

$>$

$> pmax := abs(p_0) :$

$> for\ t\ in\ 1, 2, 3, 4, 6, 7, 8, 9\ do\ if\ pmax < abs(p_t)\ then\ pmax := abs(p_t)\ end\ if\ end\ do :$

$> pmax;$

$$1.602182601 \quad (9)$$

$$> gam := evalf\left(4 \cdot \frac{49}{9} \cdot 10 \cdot \frac{1}{dm^4} \cdot \left(\frac{32}{31}\right)^4 \cdot \left(4 \cdot pmax + \frac{dm}{16}\right)\right);$$

$$gam := 84904.45250 \quad (10)$$

$>$

$> if\ \beta \cdot gam \cdot dm >= 64\ then\ \lambda := \beta \cdot gam \cdot dm\ else\ \lambda = 64\ end\ if;$

$$\lambda := 2.465610107\ 10^{6} \quad (11)$$

$$> if\ \alpha < \frac{2}{3 \cdot \beta \cdot gam}\ then\ print(Hurra!)\ else\ print(Fehlschlag!)\ end\ if;$$

$$Hurra! \quad (12)$$

Abbildung A.12: Numerische Behandlung von $T(1,4,6)$

Literaturverzeichnis

[C] Costa, C.: *Example of a complete minimal immersion in* $\mathbb{R}^3$ *of genus one and three embedded ends*, Bull. Soc. Bras. Mat. 15 (1984) S. 47-54.

[CHM] Callahan, M., Hoffman, D., Meeks III, W.H.: *Embedded Minimal Surfaces With an Infinite Number of Ends*, Invent. Mth. 96 (1989) S. 459-505.

[CS] Choe, J., Soret, M.: *Nonexistence of certain complete minimal surfaces with planar ends*, Comment. Math. Helv. 75 (2000) S. 189-199.

[DHKW] Dierkes, U., Hildebrandt, S., Küster, A., Wohlrab, O.:
Minimal Surfaces I, Grundl. math. Wiss 295. Springer-Verlag, Berlin Heidelberg (1992).

[F] Fang, Y.: *On minimal annuli in a slab*, Comment. Math. Helv. 69 (1994) S. 417-430.

[Fa] Fay, J.D.: *Theta Functions on Riemann Surfaces*, Lecture Notes in Mathematics 352 (1973).

[FH] Fang, Y., Hwang, J.F.: *A Note on Shiffman's Theorems*, Geom. Dedicata 81 Nr. 1-4. (2000) S. 167-171.

[FW] Fang, Y., Wei, F.: *On Uniqueness of Riemann's Example*, Proc. Amer. Math. Soc. 126 Nr. 5 (1998) S. 1531-1539.

[GH] Griffiths, P., Harris, J.: *Principles of Algebraic Geometry*, Wiley Inter-science (1978).

[HK] Hoffman, D., Karcher. H.: *Complete Embedded Minimal Surfaces of Finite Total Curvature*, in „Geometry V", Encyclopedia of Math. Sci. 90 (R. Osserman, ed.), Springer Verlag (1997) S. 5-93.

[HM] Hoffman, D., Meeks, W.H. III: *A complete embedded minimal surface with genus one, three ends and finite total curvature*, J. Differ. Geom. 21 (1985) S. 109-127.

[HM2] Hoffman, D., Meeks, W.H. III: *Embedded minimal surfaces of finite topology*, Ann. Math. II Ser. 131 (1990), S. 1-34.

[HM3] Hoffman, D., Meeks, W.H. III: *The strong halfspace theorem for minimal surfaces*, Invent. Math. 101 (1990) S. 373-375.

[JM] Jorge, P. L., Meeks, W.H. III: *The Topology of complete minimal surfaces of finite total Gaussian Curvature*, Topology 22 No. 2, (1983) S. 203-221.

[K] Karcher, H.: *Construction of minimal surfaces*, Lecture Notes No. 12, SFB 256, Bonn (1989).

[Ko] Kostrikin, A. I.: *Introduction to Algebra*, Springer-Verlag, New York Heidelberg Berlin (1982).

[L] Lamotke, K.: *Riemannsche Flächen*, Springer-Verlag, Berlin Heidelberg (2005).

[MR] Meeks, W.H. III, Rosenberg, H.: *The maximum principle at infinity for minimal surfaces in flat three manifolds*, Comment. Math. Helv. 65 (1990) S. 255-270.

[Ob] Obreschkoff, N.: *Verteilung und Berechnung der Nullstellen reeller Polynome*, VEB Deutscher Verlag der Wissenschaften (1963).

[OR] Ortega, J.M., Rheinboldt W.C.: *Iterative Solutions of Nonlinear Equations in Several Variables*, Computer Science and Applied Mathematics, Academic Press, New York London (1970).

[Os] Osserman, R.: *A Survey of Minimal Surfaces*, Dover Publications, New York, 2. Aufl. (1986).

[P] Plato, R.: *Numerische Mathematik kompakt*, Vieweg, Braunschweig Wiesbaden (2000).

[PR] Pérez, J., Ros, A.: *Properly Embedded Minimal Surfaces of Finite Total Curvature*, Lecture Notes in Mathematics 1775 (2001) S. 15-66.

[PR2] Pérez, J., Ros, A.: *Some uniqueness and nonexistence theorems for embedded minimal surfaces*, Math. Ann. 295 Nr. 3 (1993) S. 513-525.

[R] Ros, A.: *Compactness of spaces of properly embedded minimal surfaces with finite total curvature*, Indiana Univ. Math. Journal 44 no.1 (1995) S. 139-152.

[Sc] Schoen, R.: *Uniqueness, symmetry, and embeddedness of minimal surfaces*, J. Differ. Geom. 18 (1983) S. 791-809.

[Sh] Shiffman, M.: *On surfaces of stationary area bounded by two circles, or convex curves, in parallel planes*, Annals of Math. 63 (1956) S. 77-90.

[St] Stoer, J.: *Einführung in die numerische Mathematik I*, Heidelberger Taschenbücher Bd. 105, Springer Verlag, Berlin Heidelberg New York, 3. Aufl. (1979).

[Tr] Traizet, M.: *An Embedded Minimal Surface With No Symmetries*, J. Diff. Geo. 60 (2002) S. 103-153.

[Tr2] Traizet, M.: *A balancing condition for weak limits of families of minimal surfaces*, Comment. Math. Helv. 79 (2004) S. 798-825.

[W] Werner, H.: *Praktische Mathematik I.*, Springer Verlag, Berlin Heidelberg New York, 2. Aufl. (1975).

MIX
Papier aus verantwortungsvollen Quellen
Paper from responsible sources
FSC® C105338

Printed by Books on Demand GmbH, Norderstedt / Germany